一针一线

零基础学缝纫

Sewing Courses for Beginners

服装工作室 编著

東華大學出版社·上海

图书在版编目（CIP）数据

一针一线：零基础学缝纫 / 服装工作室编著 . 上海：东华大学出版社，2025. 2. -- ISBN 978-7-5669-2464-3

Ⅰ. TS941.634

中国国家版本馆 CIP 数据核字第 2025T8Q096 号

责任编辑：哈申

装帧设计：Ivy

一针一线：零基础学缝纫

YIZHEN YIXIAN：LINGJICHU XUE FENGREN

编　著：服装工作室

出　版：东华大学出版社

（上海市延安西路 1882 号　邮政编码：200051）

出版社网址：dhupress.dhu.edu.cn

天猫旗舰店：http://dhdx.tmall.com

营 销 中 心：021-62193056　62373056　62379558

印　刷：上海万卷印刷有限公司

开　本：787 mm x 1092 mm　1/16

印　张：6

字　数：135 千字

版　次：2025 年 2 月第 1 版

印　次：2025 年 2 月第 1 次印刷

书　号：978-7-5669-2464-3

定　价：59.00 元

前言

Sewing Courses for Beginners

在这个快节奏的时代，手作艺术似乎是一种奢侈的享受，但事实上，它是一种回归本真、寻找内心平静的方式。《一针一线：零基础学缝纫》这本书，正是为那些渴望了解和学习缝纫技巧，希望通过手作探索自我、表达个性的朋友们精心编写的。

本书由东华大学出版社服装工作室热爱缝纫和手工的编辑团队精心组稿和撰写，同时，我们还有幸邀请到了几位手作达人，他们带来了自己独到的见解和技巧，将多年积累的作品制作过程无私地分享给每一位读者。我们相信，无论你是没有缝纫经验的新手，还是对缝纫充满好奇的爱好者，都能在这本书中找到适合自己的起点。

从最基本的缝纫基础知识，到常用工具和面辅料的介绍，从简单的直线缝制，到包袋、玩偶和服装成品制作，本书旨在以通俗易懂的语言，配合详尽的步骤图示，引领大家走进缝纫技术的世界。我们希望这本书，不仅能够展示缝纫和制版的基础知识，更能够激发出你无限的创造力。

在本书的编写过程中，服装工作室的编辑和东华大学服装与艺术设计学院宋丹、童玲两位老师共同编写了前四章的内容；Sully 和 Kim Sewing 撰写了“工艺技巧”的部分；野路子小裁缝等几位手作达人共同完成了“实战案例”的部分。在此对各位表示由衷的感谢！

此外，关于本书的内容，可能存在疏漏或不足，如发现任何需要改进或修正之处，请不吝赐教，提出宝贵的意见和建议。

缝纫不仅是一种技能，更是一种生活态度。希望这本书能为你打开手作的大门。让我们一起，用针线串联起生活的点点滴滴，创造出属于自己的美好记忆。

美妙的缝纫之旅由此开启！

目录 Contents

预备课

基础工具

材料常识

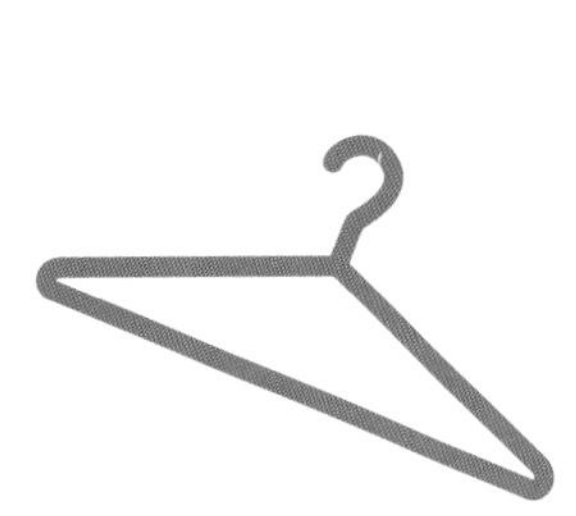

制版知识

工艺技巧

实战案例

预备课 Preparation

准备工作

· 必备工具 & 选配工具

必备工具和材料

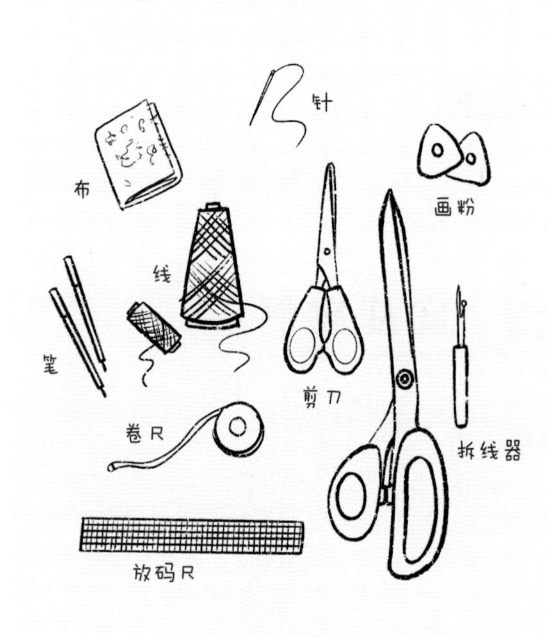

◆ 无论做什么，都需要这些工具。换句话说，只要有了这些工具和材料，就可以开始缝制啦！

选配工具及辅料

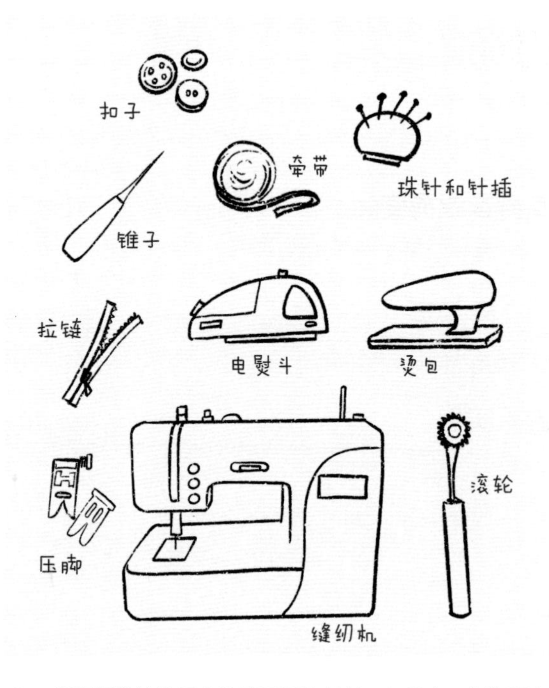

◆ 根据想做的物品来选配工具和辅料，如果有，制作更方便，成品效果也会更平整。详见 P12“基础工具”。

· 想好要做的物品内容

简单 ·· 困难

包	半身裙	罩衫	外套	西装
笔袋	裤子	家居服	风衣	礼服
收纳盒	裙裤	衬衫	大衣	
		连衣裙		

缝制物品的难易程度可以根据几个因素来大致判断：是否需要安装里布、装拉链等辅料，口袋、领子、袖子等部件的设计复杂程度，还有整体造型所需的熨烫工艺要求等。例如，一个没有里布和拉链的环保袋，由于辅料少、结构简单，且以直线条为主，工艺缝制难度相对较低；而那些设有内口袋、带拉链的贴袋和水杯袋的包袋，工艺难度自然更高。

相较之下，服装的缝制难度通常高于包袋等小物件，尤其是西服套装、礼服、婚纱等定制类服装，其难度更高，这也是高级定制服装价格昂贵的原因之一。

常见难点见下表：

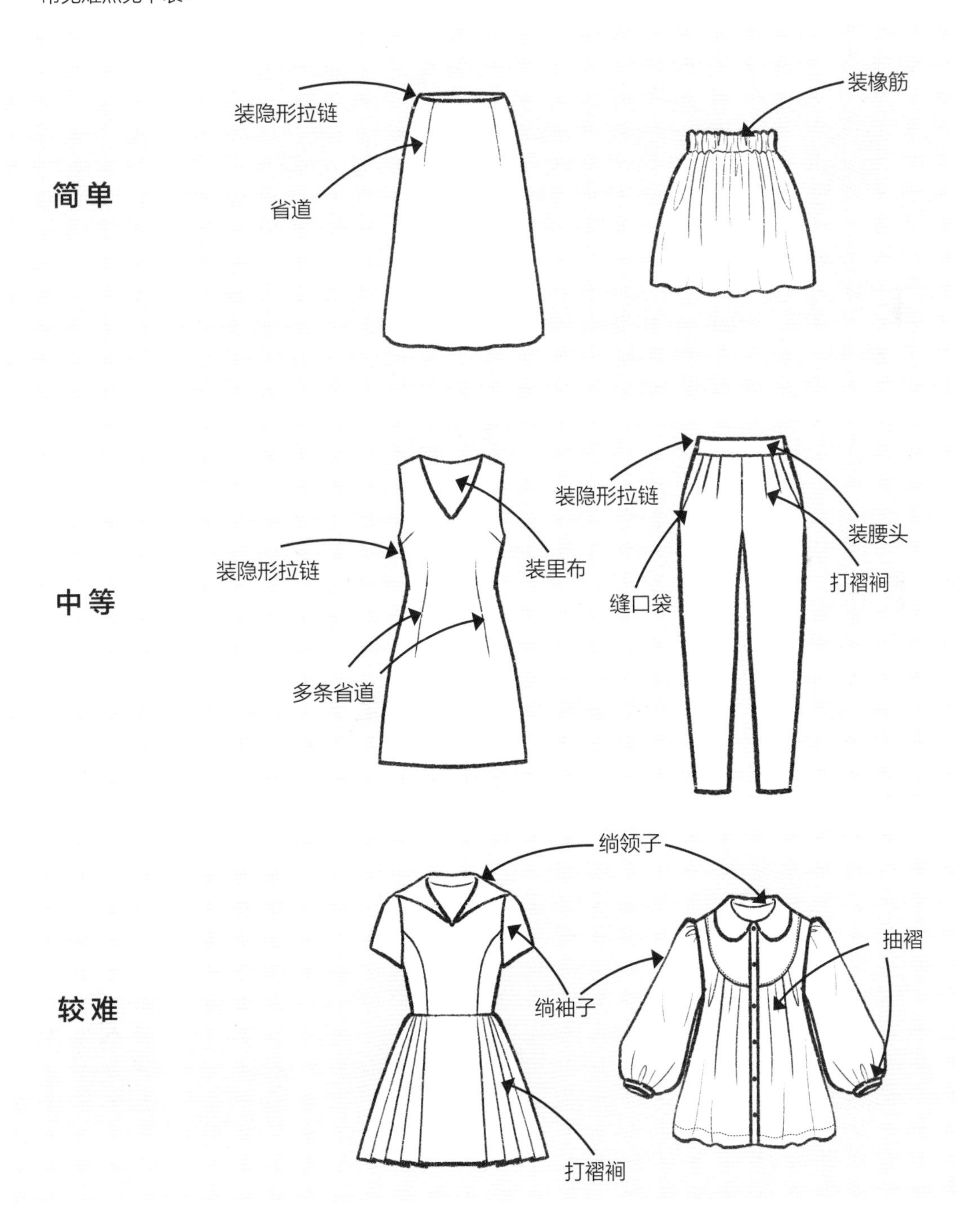

缝纫基本步骤

· 缝纫流程

准备纸样

纸样：缝制服装等物品的关键工具。纸样体现出缝制过程中的必要信息，服装纸样是按照人体尺寸和服装款式设计出来的平面“图形”，用于在面料上标记出裁剪线。可根据自己所需尺寸自行制版，也可采用现有纸样复制后进行裁剪。
详见 P30“制版知识”。

▼▼▼

面料整理

面料整理：裁剪之前的重要步骤，它有助于确保裁剪的准确性和最终成品的质量。有关面料整理大致包括：检查面料是否有瑕疵，如洞、污渍、色差或不均匀的纹理，并在排料时避开这些区域；清洁、熨烫面料；面料丝缕归正，确保布纹没有偏斜；一些面料需要通过清洗和熨烫，进行预缩处理，这样在制作成衣后不会因为洗涤而改变尺寸。还要考虑面料的弹性，对于有弹性的面料，确保在裁剪时考虑到其弹性，避免裁剪后面料拉伸或收缩。

排料

排料：缝纫过程中的关键步骤，它涉及在面料上合理布局服装的各个裁片。在进行排料时，应注意每个部件的边缘都应留有足够的缝份，以便于缝制时的操作。对于有明显纹理或图案的面料，应确保在排料时纹理方向一致，以保持服装的外观统一。在排料时，应尽可能地利用面料，减少浪费，同时考虑到服装的对称性和设计要求。

▼▼▼

裁剪

裁剪：在缝制的过程中，根据纸样在面料上标记出服装各个部件的形状和尺寸，然后使用剪刀或其他裁剪工具沿着标记线将面料切割成所需形状的过程。

缝制 ▶▶▶ **后整理** ▶▶▶ **整烫** ▶▶▶ **质检**

· 拓描纸样与裁剪

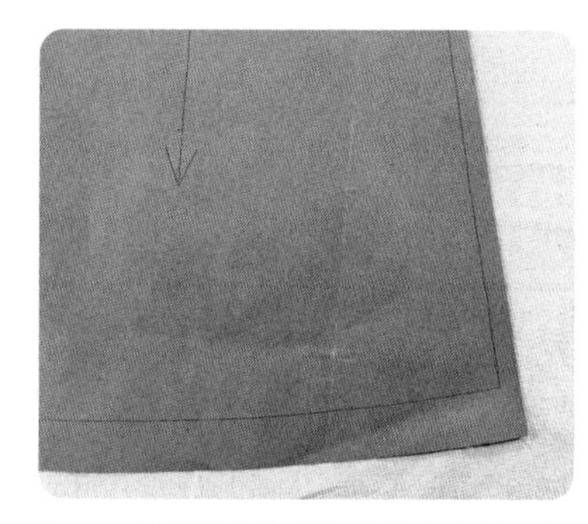

1　将纸样按正确的丝缕方向放在面料上，用镇纸或大头针固定。

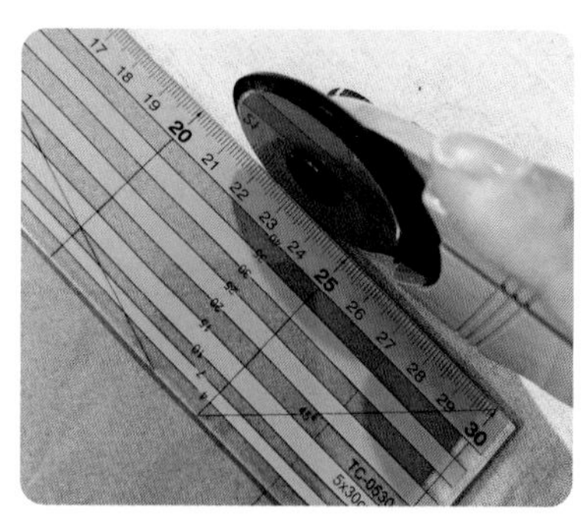

2　用裁布剪刀或轮刀沿着纸样的边缘裁剪面料。

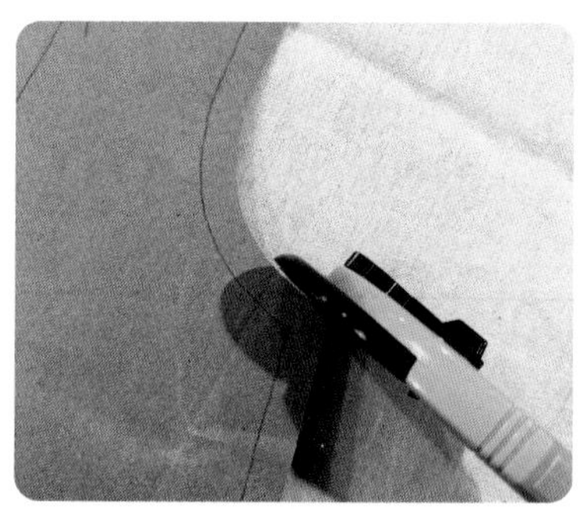

3　需要特别注意转弯处，如使用裁布轮刀，需重新调整角度再继续。

看懂制版符号

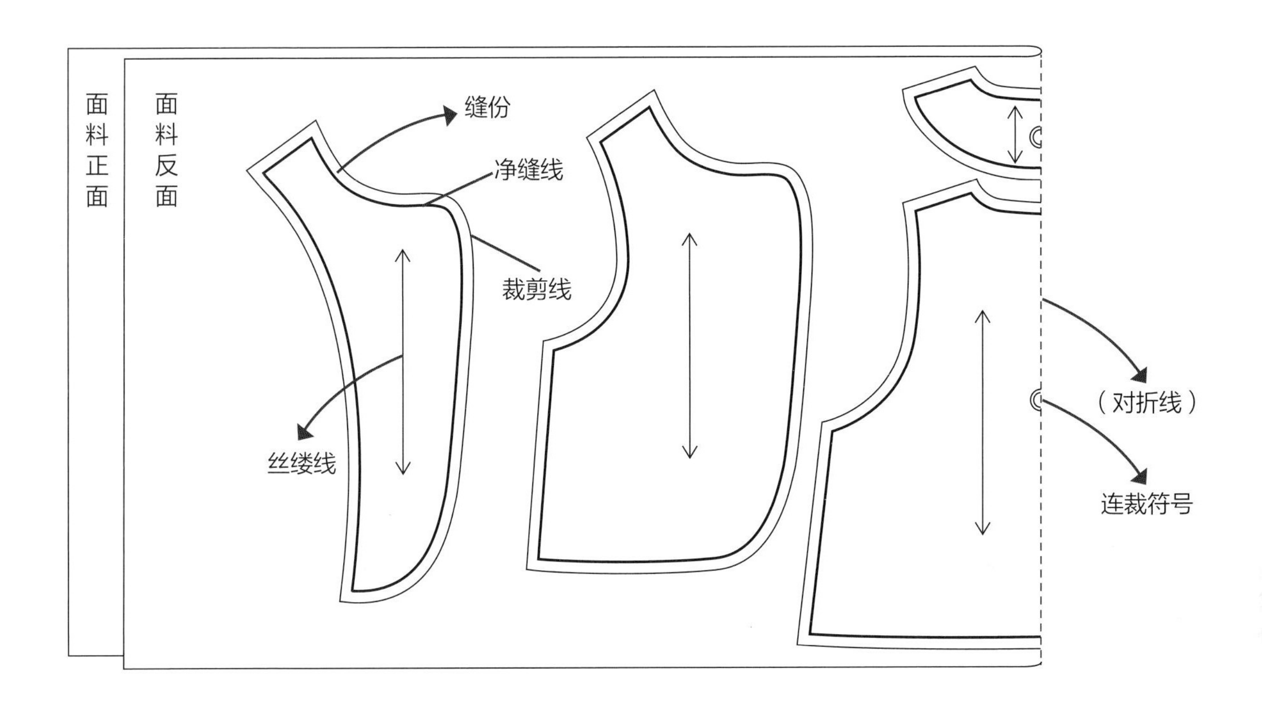

在裁剪之前，需要明确纸样中的一些关键符号，以免误解而出现差错。比如，连裁符号表示所标记处不需要裁剪，这就需要在排料时根据符号将纸样放置于相应位置；再如对位标记，如果在裁剪时遗漏了这个标记，或在缝制过程中没有对齐，缝制成品有可能和预期目标大相径庭。

☆ 小贴士

纸样中的符号和含义

——— 净缝线：服装或物品的成品尺寸

——— 缝份线：常规服装的缝份在0.8~1cm，小物品及玩偶服装等的缝份可设置为0.5cm左右

←→ 丝缕线：布纹方向，箭头方向代表经纱方向，裁剪时应注意

连裁符号：表示面料需沿着直虚线对折后裁剪

— 对位标记：通常出现在袖窿、袖山弧线及侧缝处，用于对位

抽褶标记：波浪线表示需要在邻近边缘处抽褶

扣眼：表示需要锁扣眼的位置

× 或 ○ 纽扣位符号

了解专业术语

服装专业术语是服装设计与制作中不可或缺的语言，服装工艺术语包括基本的工艺名称以及服装各零部件的专有名称等，为服装的精确制作和专业交流提供了标准化的表达方式。

◆ 图示中的标注名词中，白底黑字的名词代表零部件名称，绿底白字的名词代表工艺名称。

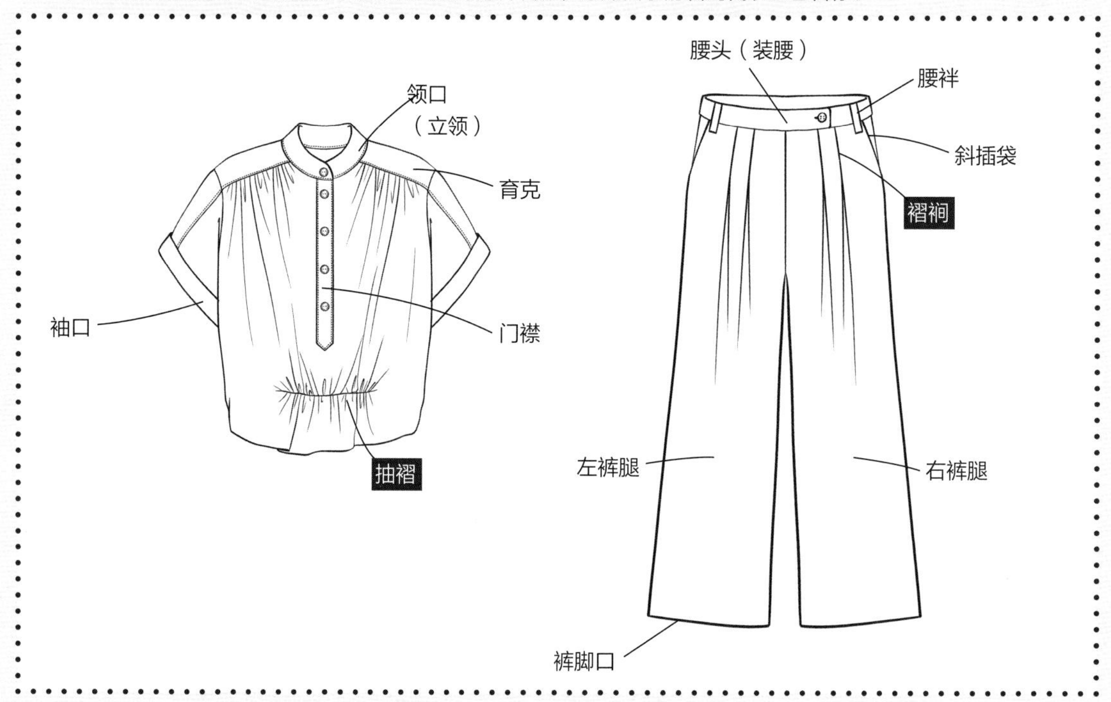

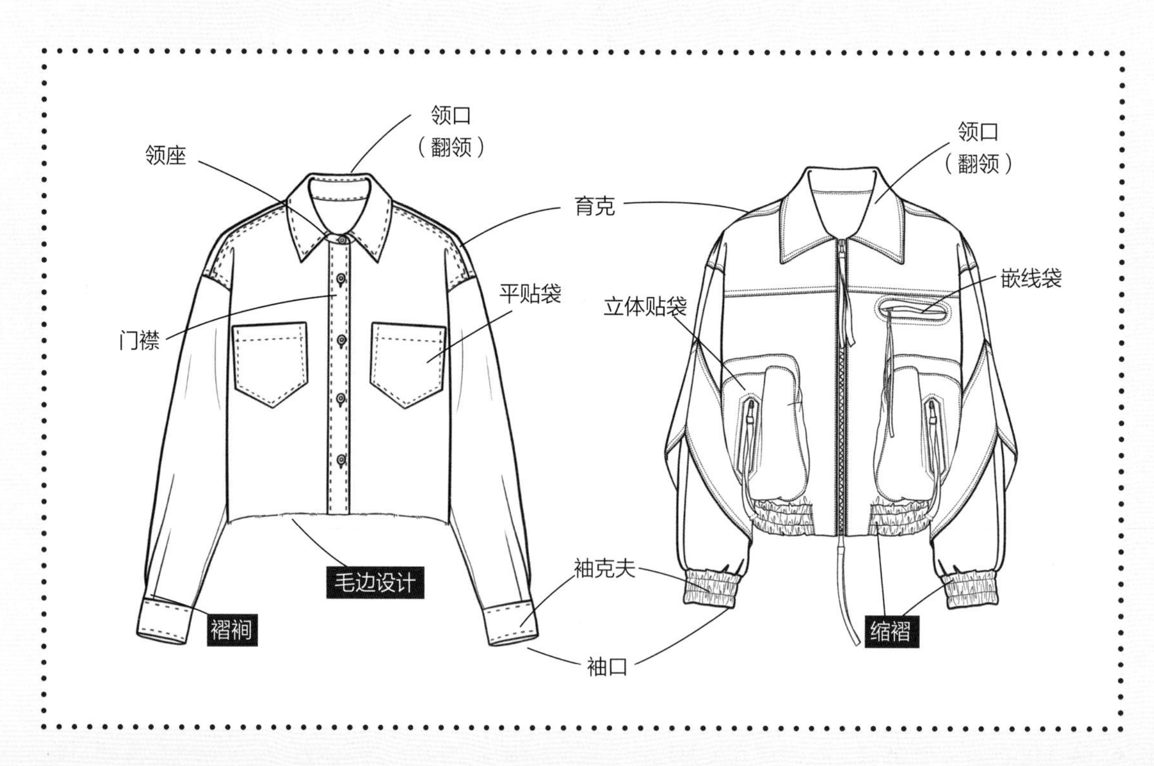

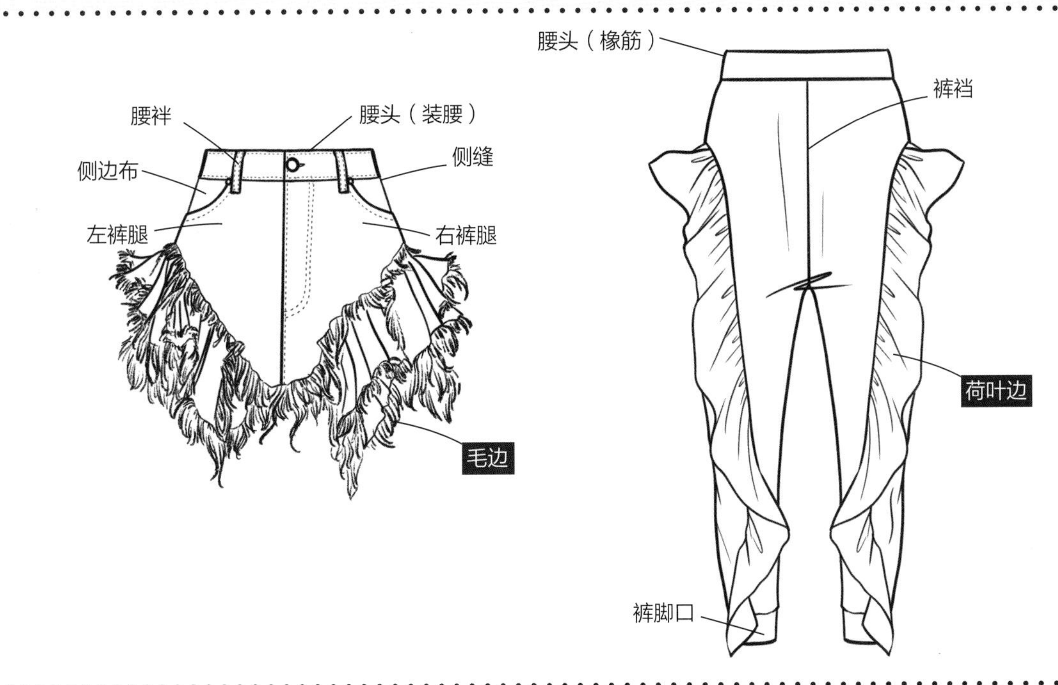

◆ 如上图所示，一些特定工艺的服装，比如牛仔服装、羽绒服、皮衣和针织衫，以及需要对面料进行二次加工设计的服装，都需要特殊工艺处理。这类服装都需要送到专业工厂完成，不适合家庭缝纫。

基础工具 Basic Tools

制版工具

铅笔 用于绘制纸样，可选择 0.9mm 铅芯的自动铅笔，也可以用木制铅笔

橡皮 用于擦去错误的铅笔痕迹

剪刀 用于剪纸样

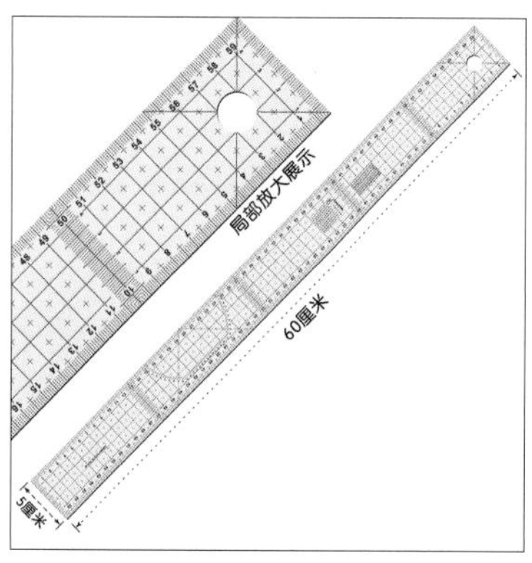

方格定规尺 俗称放码尺或打版尺，用于绘制纸样，四周都有刻度标记，方便绘制平行线和在纸样上绘制缝份

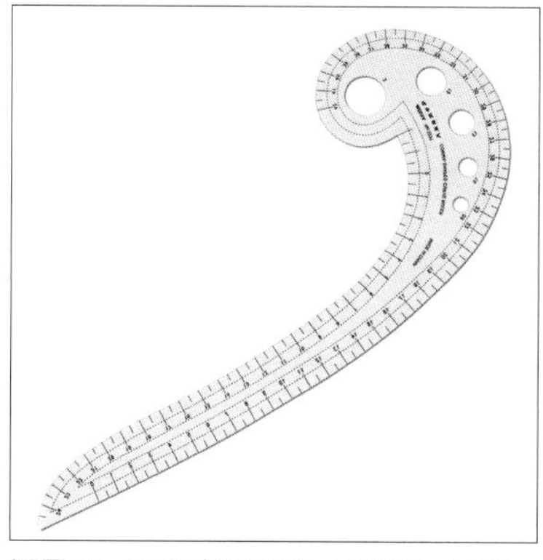

逗号尺 用于绘制弧线，如领围、袖窿、袖山及裆部前浪、后浪等部位

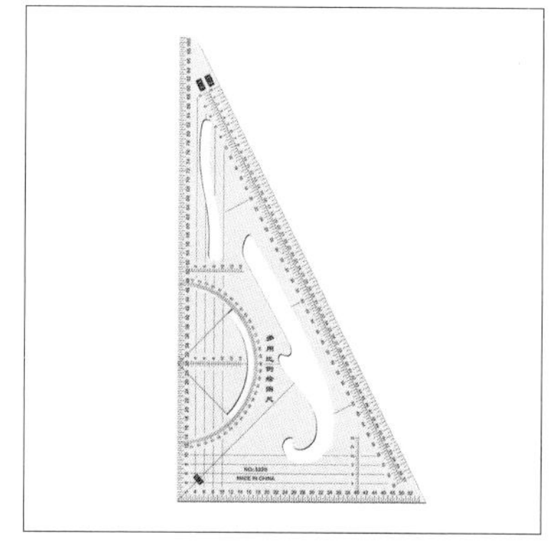

三角比例尺 用于绘制缩小纸样（做版型试验或记录课堂笔记等），有 1/2、1/3、1/4、1/5 等不同比例的规格

牛皮纸 用于绘制纸样，纸质耐磨，有一定厚度，剪下的纸样便于留存

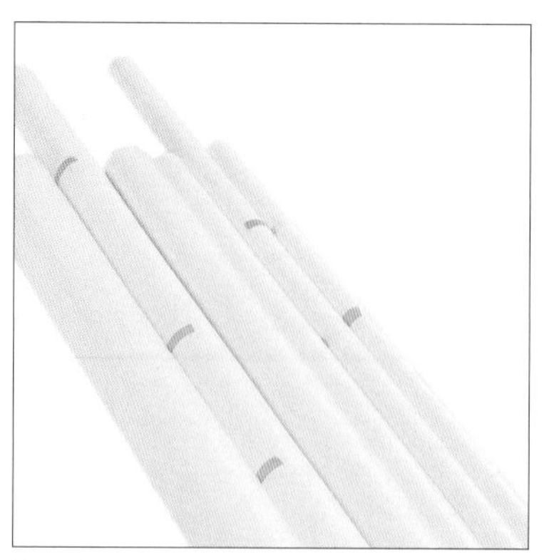

打版纸 用于绘制纸样，浅色底使得铅笔线迹更清晰

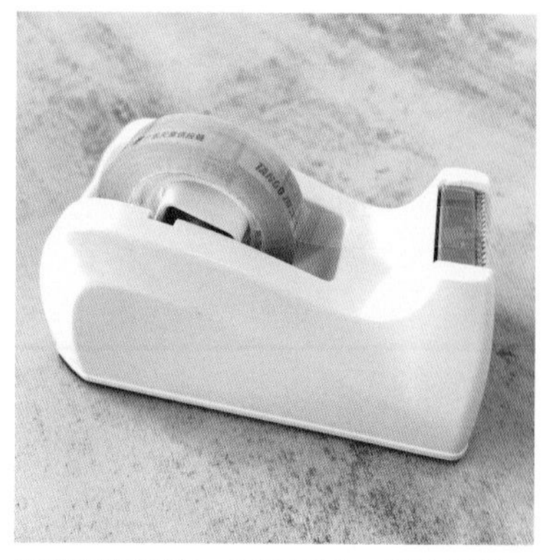

胶带和胶带座 用于对合、拼接纸样，磨砂面的胶带和美纹胶带上还可以写字或做记号

缝纫工具

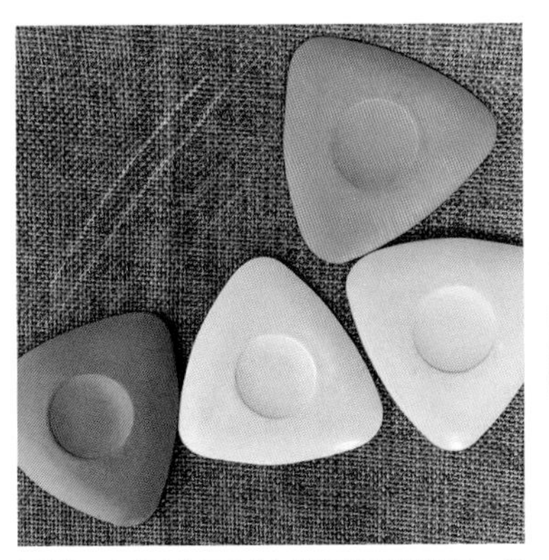

画粉 用于在面料上描画纸样轮廓，价格低廉，经济实惠（需削尖以后使用）

画粉笔 用于在面料上描画纸样轮廓，线条比传统的画粉细一些

气消笔 用于在面料上描画纸样轮廓，无需经过任何处理，线迹会自行消褪

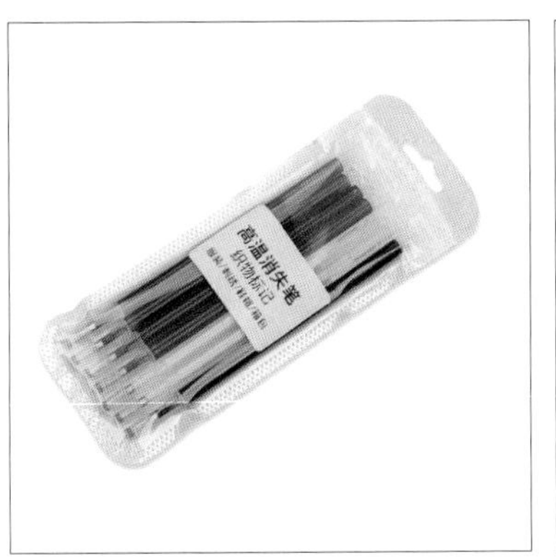

热消笔 用于在面料上描画纸样轮廓，经过高温加热后，线迹就会消褪

手缝针 用于手工缝纫，根据不同的缝制部位来选择不同粗细和长短的针

缝纫线 用于缝合面料，线色通常与面料色相配，也可以根据设计选择撞色线

布剪刀 专门用于裁剪布料，切忌不能用布剪刀剪纸，以免钝化

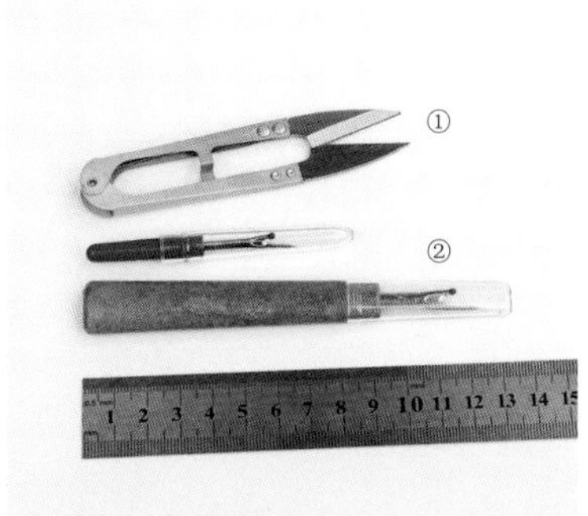

①线剪刀 用于剪断线头
②拆线器 用于拆断线头

裁布轮刀 圆形刀片，用于代替布剪刀裁剪布料，通常适用于裁剪轻薄、光滑的面料，或者裁剪较长的平滑线条

设备器材

平缝机 用于缝合衣片，线迹平整，速度可调节，缝制效率高，家用电脑平缝机还具有调节速度、花型和线迹等功能

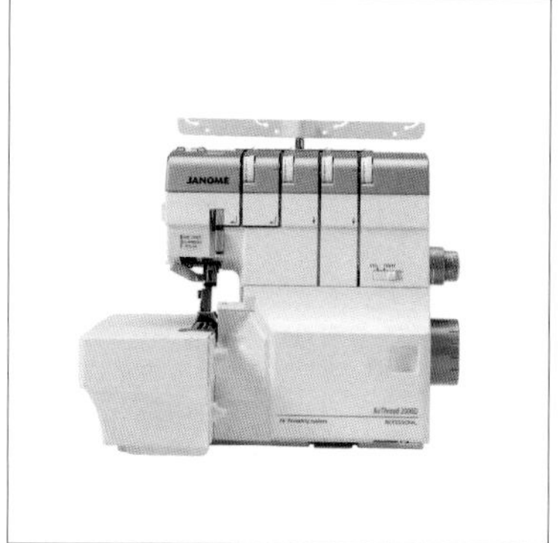

锁边机 用于将两层布边环状包缝，以防布边纱线脱散，压脚旁自带刀片可修齐布边，线迹宽度和密度均可调节

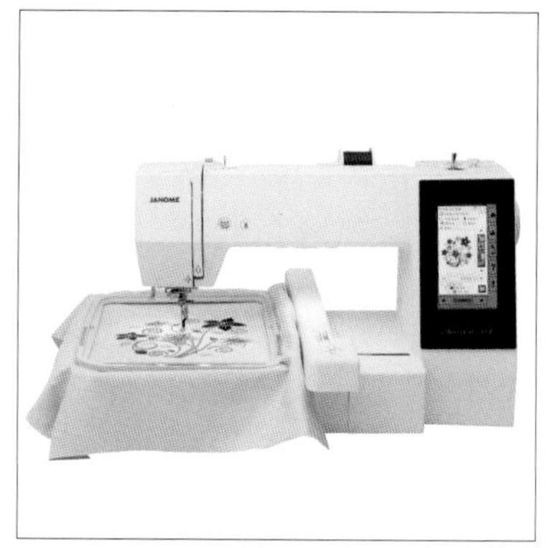

电脑绣花机 用于刺绣图案，有一定数量的自带图案样式，也可以通过 U 盘传输花样，最大绣花面积约 20cmx28cm

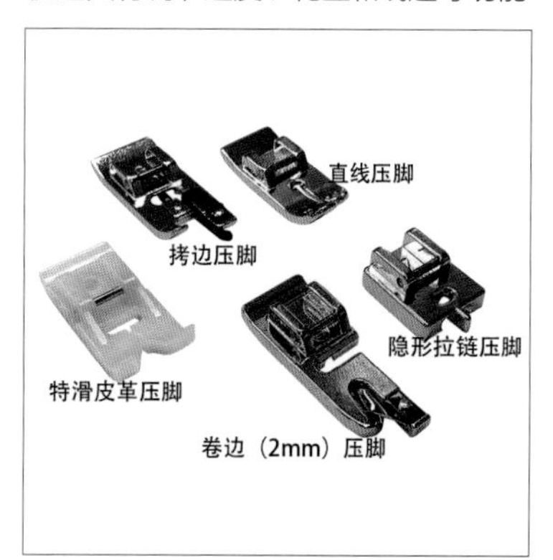

压脚 家用电脑缝纫机的重要配件之一，用在机针旁固定面料，有缝直线、卷边、隐形拉链等多种不同功能的压脚

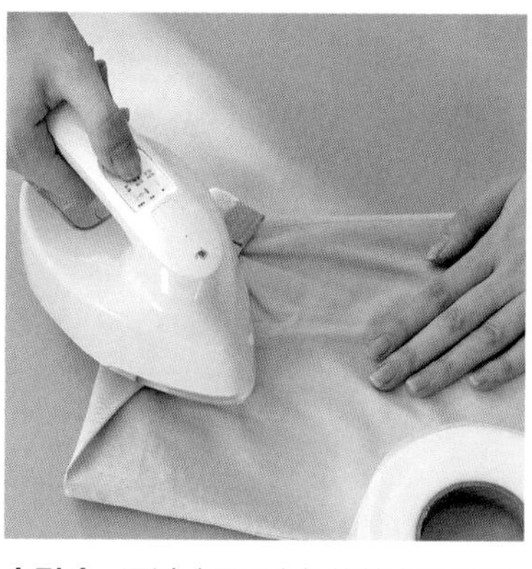

电熨斗 通过喷雾及电加热等方式熨烫、整理面料及成衣，有不同温度刻度记录，可根据不同面料进行选择

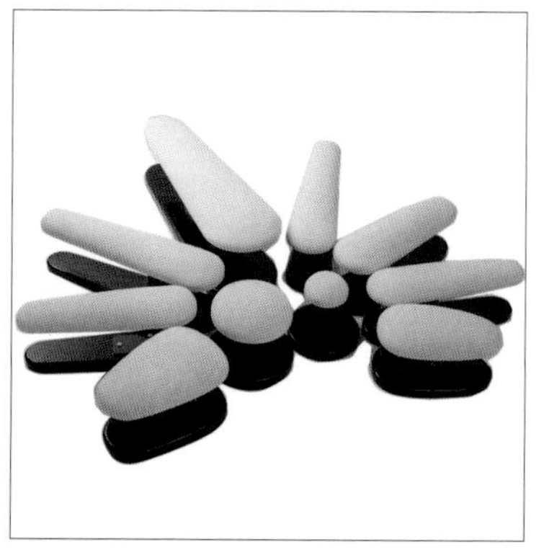

烫包 用于熨烫肩膀、胸部、裤脚口等立体感强的部位，以便更好地塑造服装造型

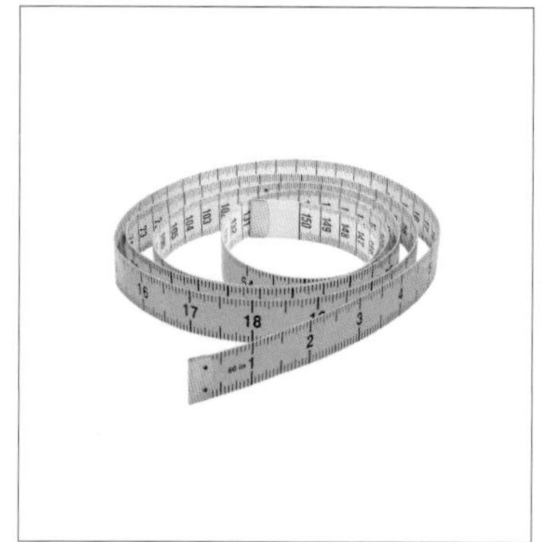

皮尺 又称卷尺，质地较软，尺的两边有刻度，用于测量人体围度和服装尺寸

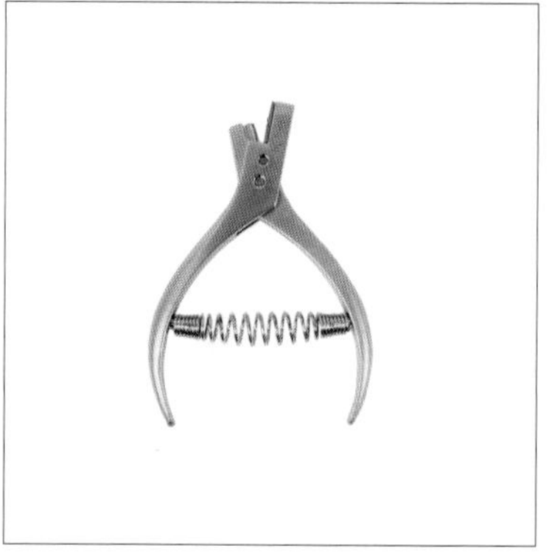

打样钳 用于服装制版中，在纸样上打刀眼做标记（也可以用于裁片缝份）

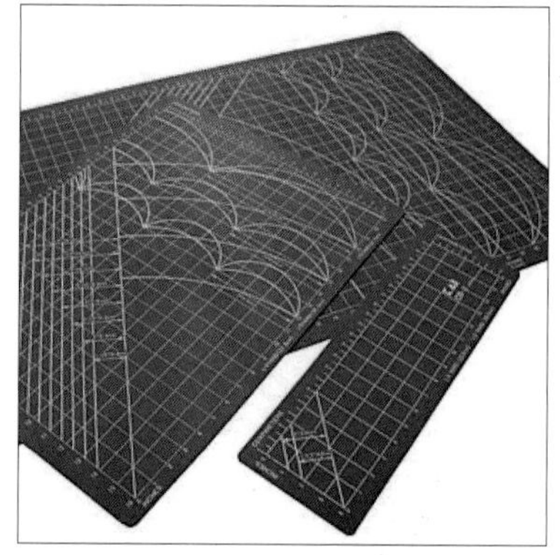

裁剪胶垫 做手工、拼布或裁剪时可以作为垫板使用，保护刀片和桌面

其他工具

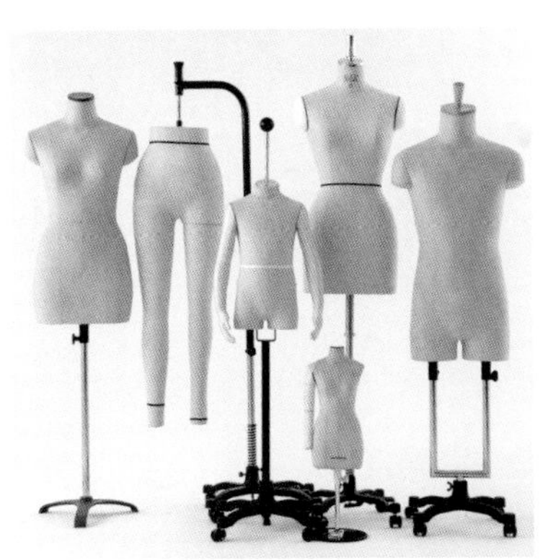

人台 立体裁剪时的模型，有多种规格和比例可以选择

人台胶带 专门用于立体裁剪时，在人台上贴标记线，有多色可选

滚轮 用于移取纸样时，在面料上做标记；以及在立体裁剪时，将布样拓描在纸样上

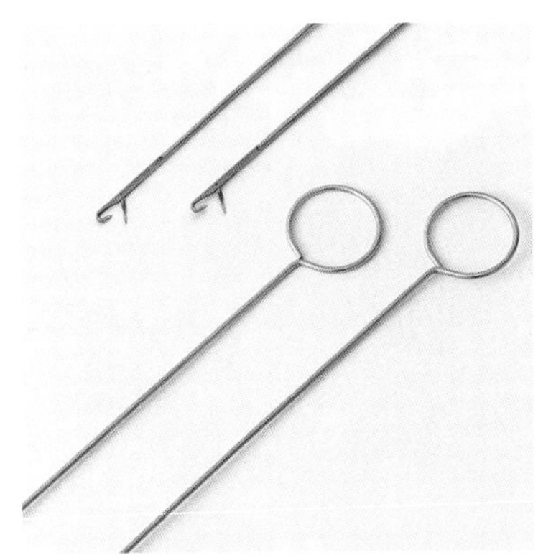

翻口器 用于将一些窄口布管从背面翻到正面

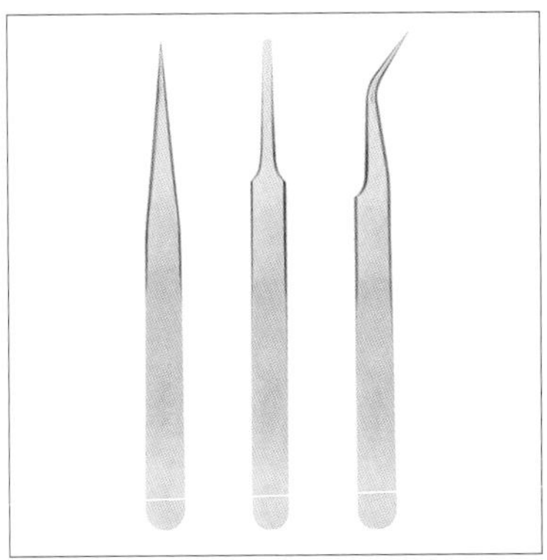

镊子 用于手工缝纫，根据不同的缝制部位选择不同粗细和长短的针

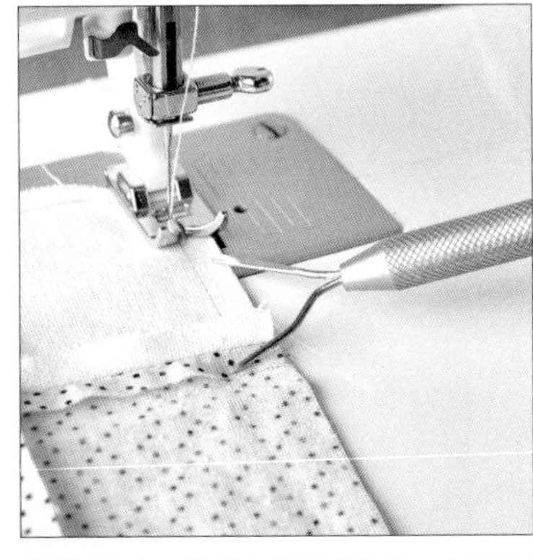

定位叉子 代替手指固定面料，适用于细小的部位和缝份等区域

锥子 用于定位，比如将布样上的省道、省尖点等细节对称地标记在纸样上，或者将纸样上的线条位置对应标记在布上

珠针 用于裁剪或拼缝时固定面料、辅料，以及纸样和面料等，也常用于立体裁剪时，在人台上别住面料

工具箱 用于收纳各种零碎的小工具

材料常识 Material Knowledge

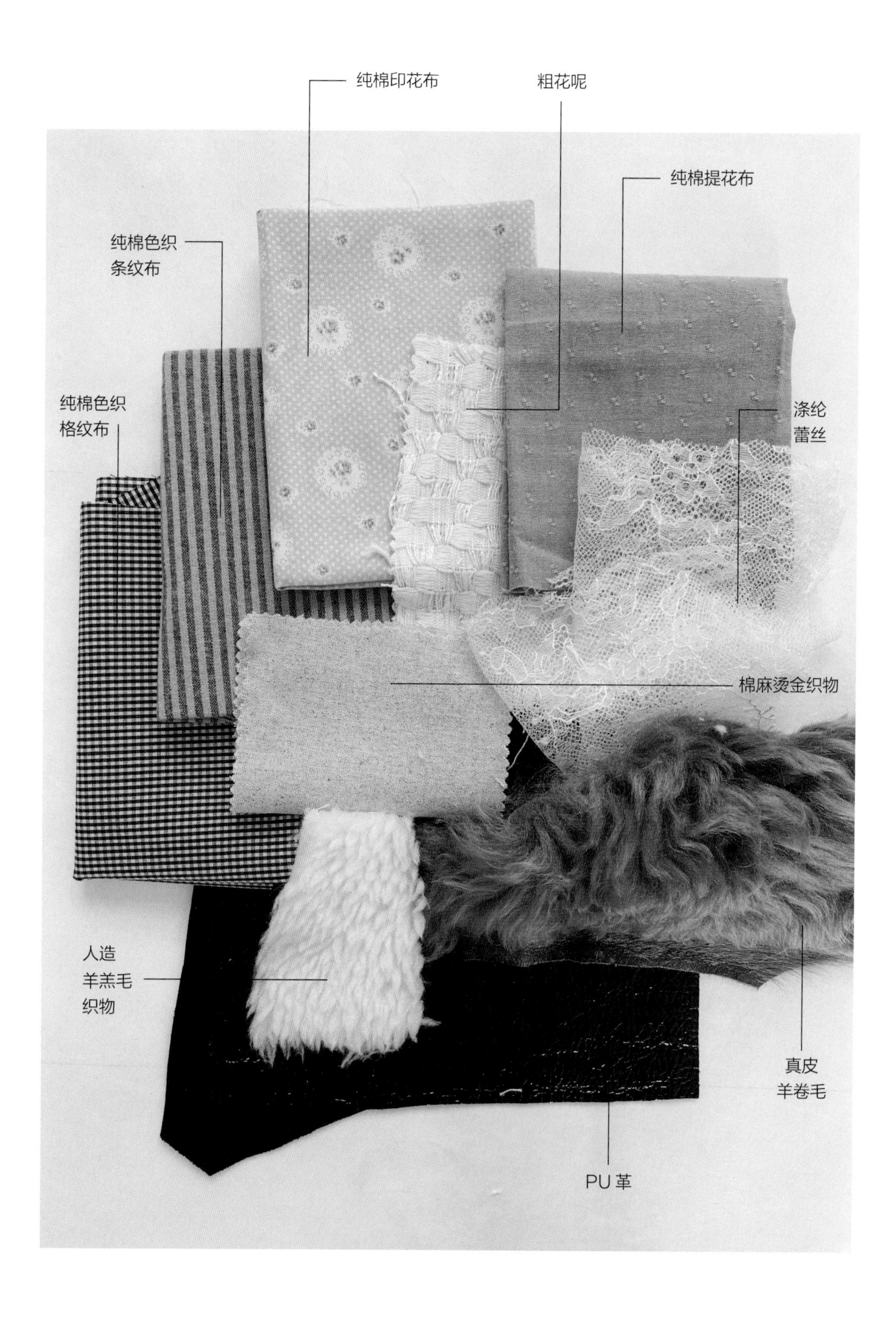

面料基础知识

· 面料的分类

（1）按面料成分分类

面料成分可以分为天然纤维、化学纤维（包括再生纤维和合成纤维）和混纺。混纺指两种及以上纤维的混合，有天然纤维混纺，有化学纤维混纺，也有天然纤维和化学纤维混纺，种类很丰富。

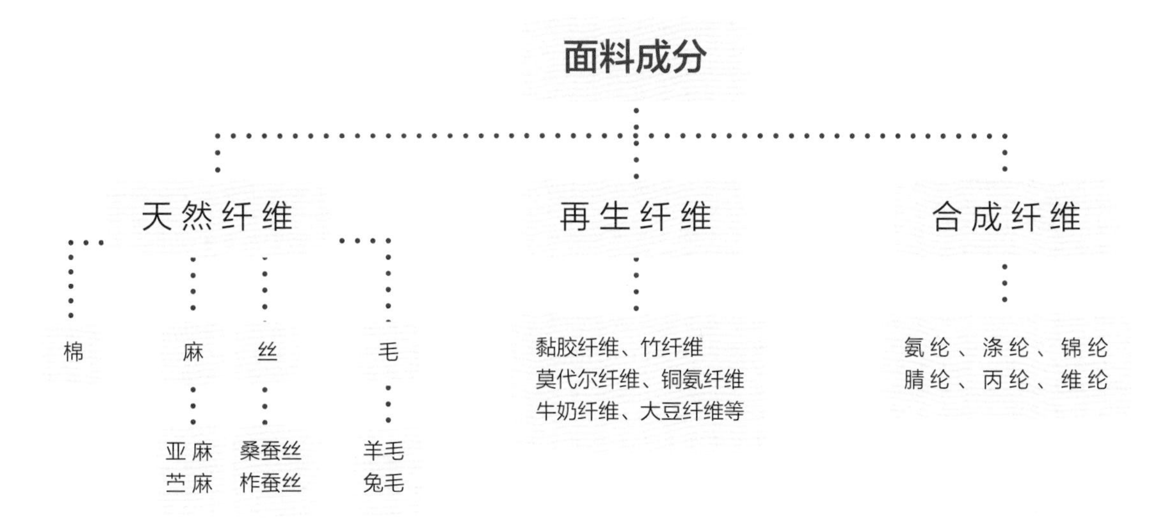

在挑选布料时，我们常看到布料成分的地方写着数字和字母，其中字母是纤维成分的首字母缩写，数字代表纤维含量，例如 75%C20%W5%SP 表示这种面料里面棉占 75%、羊毛占 20%、氨纶占 5%，再如 60C40P 表示这种面料里面棉占 60%、涤纶占 40%。

☆ 小贴士

☆ **常见的混纺方式** 棉/麻、涤/棉、棉/涤/黏胶、丝/棉、丝/麻、毛/腈、棉/氨、棉/涤/氨、涤锦氨等。时装用的面料因其表面纹理特殊，有时候混纺成分会更加复杂。

☆ **常见面料及纤维的英文**

棉：cotton
麻：linen
丝：silk
毛：wool

天丝：Tencel
PU 革：polyurethane
黏胶纤维：rayon
莫代尔纤维：Modal

涤纶：polyester
锦纶：nylon
腈纶：acrylic
氨纶：spandex

（2）按织造方式分类

面料按织造方式可以分为非织造面料、机织面料、针织面料。

非织造面料，也称为无纺布，它不是通过纱线交织或编结制成的。在服装领域，常用的无纺布包括无纺衬和无纺里布等。口罩布和毛毡布也都是无纺布的类型。

机织面料由两组纱线纵横交错形成，与布边平行的纱线叫经纱，与布边垂直的纱线叫纬纱。机织面料结构紧密、平整度高，具有良好的抗皱性和耐磨性。由于经纬纱线交织紧密，机织面料的强度和稳定性较好，不易变形。此外，机织面料的表面可以呈现出多种纹理效果，如平纹、斜纹、缎纹等，这些纹理赋予面料不同的外观和触感。

常见的衬衫、连衣裙、西装、牛仔裤等服装所用的都是机织面料。

机织面料

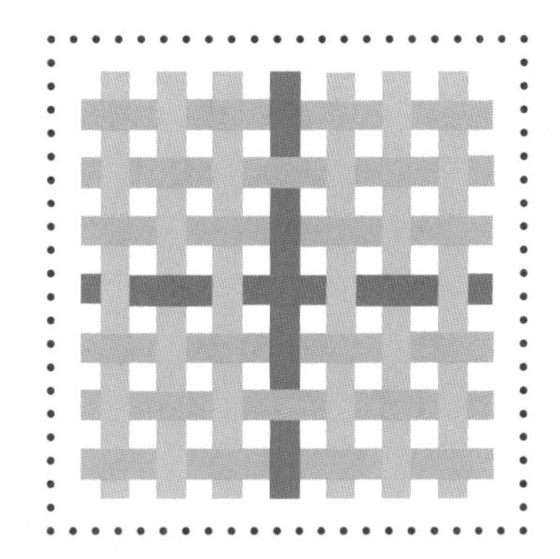

77% 棉 /23% 麻混纺机织物

针织面料是通过织针将纱线弯曲成圈并相互串套而成的，因此其结构相对较为松散，具有良好的弹性和延伸性。这使得针织面料服装在穿着时能够贴合身体曲线，提供舒适的穿着体验。同时，针织面料还具有良好的透气性和吸湿性，能够保持身体的干爽和舒适。

因此，针织面料被广泛运用于贴身穿着的 T 恤、秋冬季的内衣和家居服等服装。

针织面料

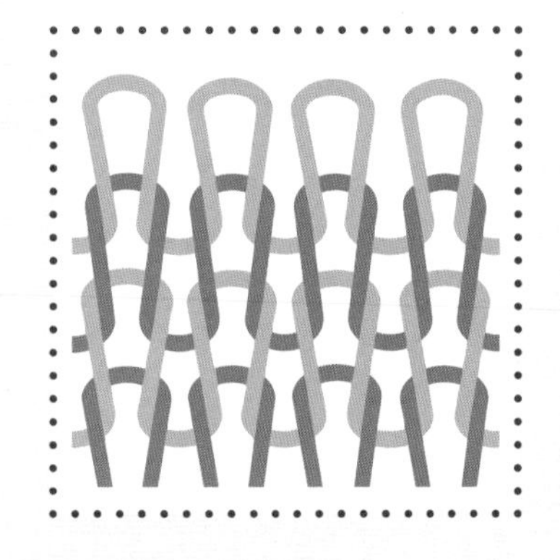

100% 莫代尔针织汗布

机织面料的原组织结构有三种：平纹、缎纹和斜纹。随着纺织技术的进步，面料的组织结构变得更加多样化，不仅在外观上呈现出丰富多彩的效果，还发展出了多种功能型面料。这些创新使得面料不仅在视觉上给人以美感，还在实用性和功能性上满足了不同的需求。

平纹织物面料紧实平整，常见的有棉布和府绸。斜纹织物有较为明显的斜向纹路，具有较好的弹性和舒适度，常见的有斜纹棉布和卡其布。缎纹织物面料表面光滑、光泽度高，常用于制作礼服和高级衬衫。

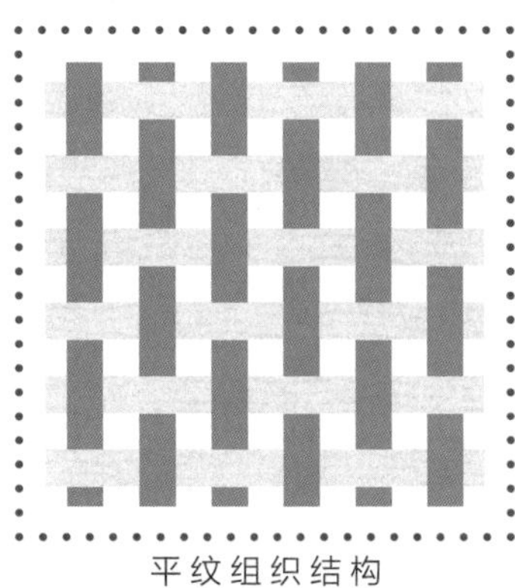

平纹组织结构

100% 棉机织物

斜纹组织结构

57% 棉 /43% 天丝混纺机织物

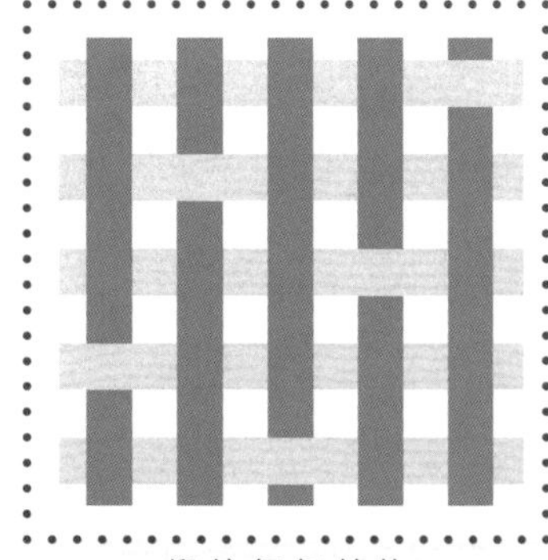

缎纹组织结构

100% 涤纶机织物

· 常见面料成分的特点

常见面料成分包括棉、麻、丝、毛、黏胶纤维、铜氨纤维、莫代尔纤维、竹纤维、涤纶、锦纶、腈纶、氨纶等。不同类型的纤维具有不同的特点，详见下表。

天然纤维

棉 透气性好，吸湿性强，穿着舒适，但易皱且易缩水，保型性能欠佳，易拉伸变形。
适用衣物类型：T 恤、休闲衬衫、休闲裤、家居服、床上用品

麻 透气性极佳，吸湿快干，强度高，但手感较硬，易起皱。
适用衣物类型：夏季服装、裙子、休闲西装

丝 光泽柔和，手感滑爽，透气性好，但强度较低，容易褪色，易被虫蛀，且价格较高。
适用衣物类型：礼服、丝巾、衬衫、家居服、丝绸床品

毛 保暖性好，弹性佳，不易起皱，但容易缩水和起球。
适用衣物类型：冬季大衣、毛衣、围巾、羊毛地毯、家用纺织品

再生纤维

黏胶纤维 透气、吸湿、柔软，光泽度高、悬垂性好，但易皱，保养要求高。
适用衣物类型：连衣裙、衬衫、家居装饰品（如窗帘和靠垫）

铜氨纤维 吸湿、透气、凉爽，光泽柔和，但强度低，易磨损，耐久性差。
适用衣物类型：夏季衬衫、裙子、休闲服装

莫代尔纤维 柔软、吸湿、透气，抗皱，悬垂性好，但强度低，耐久性差，易缩水。
适用衣物类型：内衣、睡衣、运动服等

竹纤维 吸湿透气，抗紫外线，环保，但强度和耐磨性低，易缩水。
适用衣物类型：运动服、内衣、床上用品、夏季衣物

合成纤维

涤纶 学名聚酯纤维，实用性强，坚固耐用，几乎可以仿制任何面料的外观。涤纶不易起皱，吸湿性和透气性差。
适用衣物类型：运动服、户外装备、工作服、泳装、运动毛巾

锦纶 俗称“尼龙”，结实、耐磨，有一定弹性，轻便。
适用衣物类型：袜子、运动服、泳装、背包、旅行用品

腈纶 被称为“人造羊毛”，保暖性好，蓬松性佳，价格适中，但易起静电。
适用衣物类型：冬季衣物（如毛衣、围巾、帽子）、填充材料

氨纶 弹性极佳，可拉伸至原长的 4~7 倍，常与其他纤维混纺以增加衣物的弹性和舒适度。莱卡（Lycra）是著名的氨纶品牌，广为大众所知。
适用衣物类型：紧身衣、运动服、牛仔裤及其他需要增加弹性和舒适度的衣物

· 常用的面料

（1）天然纤维与再生纤维

坯布　未染色的本色坯布，可以用于练习缝纫技法、打样、立裁等，有纯棉、棉 / 涤等不同纤维织造而成的坯布，不同成分和纱线细度的坯布，外观和手感有所不同

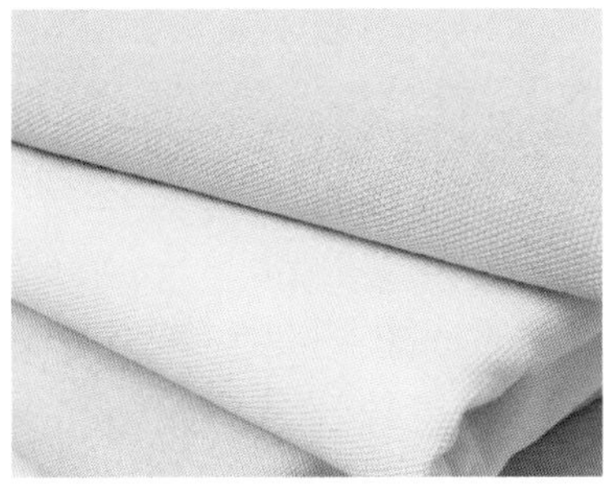

帆布　这是一种比较结实的平纹棉布，有各种厚度，薄的帆布可以用作包里布、工作服等，厚的帆布可用作收纳袋、遮阳帽等

☆ 小贴士

帆布的厚度单位叫“盎司”，1 盎司约等于 28.3 克。盎司原本是一种重量单位，商家通常用“安”作为帆布厚度的单位，其实是一种简略的音译惯性称呼。

帆布的厚度从 1 盎司到 14 盎司不等，一般手工用帆布为 6 ~ 11 盎司，数字越大，布料越厚（重）。

棉织物 1　100% 棉织物，手感软糯，且具有一定骨感，可用于制作衬衫、薄外套、小型玩偶等

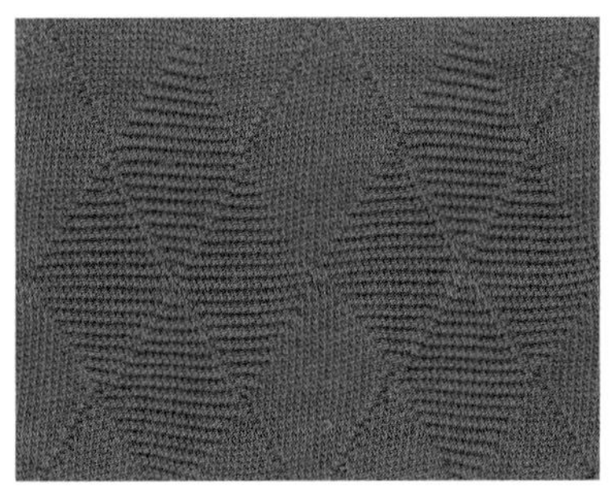

棉织物 2　100% 棉针织织物，面料表面带有纹理，常用于制作男士 T 恤等

棉织物 3　100% 棉色织条纹织物，上面有刺绣图案，可用于制作衬衫、连衣裙等

麻织物 1　未染色的本色麻布，可以用于制作服装和家居纺织品等

麻织物 2　100% 麻织物，表面烫金粉，麻织物质地挺括，具有独特的天然纹理，吸汗透气、不易沾身，特别适合制作夏季服装

棉 / 麻混纺织物　77% 棉 +23% 麻，兼具棉织物的软糯和麻织物干爽挺括的特性及其独特的纹理外观

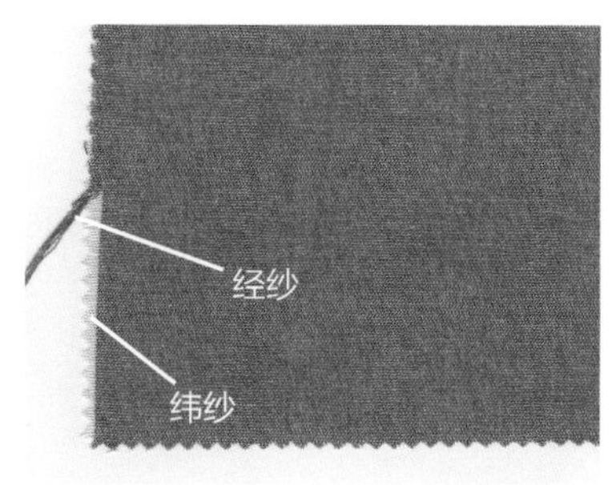

棉麻混纺织物 45% 棉 +55% 麻，这是一款具有牛仔布特征的混纺面料，经纱和纬纱由不同颜色的纱线组成，混合在一起形成独特的外观

丝 / 棉织物 30% 桑蚕丝 +70% 棉，质地轻柔丝滑，吸湿排汗，亲肤效果好，带有丝织物的光泽，加入棉纱后降低了悬垂性，常用于制作衬衫、连衣裙等时装

莫代尔织物 100% 莫代尔针织汗布，质地柔软爽滑，吸湿排汗亲肤效果好，塑型性一般，常用于制作内衣和家居服

（2）化学纤维与混纺织物

腈 / 毛混纺织物 75% 腈纶 +25% 羊毛混纺，腈纶的加入降低了原料成本，手感相对没有全羊毛织物软糯，常用于制作冬季外套

提花织物 55% 腈纶 +22% 锦纶 +23% 羊毛，该面料具有华丽的风格，同时又带有羊毛的软糯感，可以用于制作秋冬季的连衣裙、外套等

毛 / 涤混纺织物 70% 羊毛 +30% 涤纶，涤纶纱线给面料增加了独具特色的肌理外观效果，降低了成本，同时保留了毛料的保暖性能及良好的触感，可用来制作秋冬季套装等

雪纺双绉 100% 涤纶，质地紧实，悬垂效果好，不易皱，表面带有一定细小纹理，可用于制作衬衫、连衣裙等。但涤纶作为一种合成纤维，容易起静电，吸湿、排汗性能较差

混纺织物 10% 棉 +15% 涤 +45% 黏纤 +30% 麻，不同材质混纺时，可以发挥不同材质各自的优点，可以用于制作衬衫、裙子等

人造皮革 俗称 PU，模仿天然皮革外观，表面有一定的纹理，有时会加入涤纶或氨纶，质地柔软而有韧性，可以用来制作外套、裙子和短裤等秋冬服装

（3）色织布与印花

色织格纹织物 色织格纹织物和色织条纹织物都属于色织布。色织布需要先将纱线染色，然后再进行织造，这样的格子和条纹，横平竖直，比较规整，正反面都能看到纱线的颜色

印花布 印花布的正面和反面有明显色差，正面颜色图案清晰，色彩鲜亮，反面通常只会透出一些正面的颜色。印花工艺几乎可以用于任何平整的布底，平纹针织面料也同样适用

· 常见的面料图案

朝阳格 这是一种经典格纹，其织物由白色纱线和一种彩色纱线织造而成，属于色织格纹织物的常见形式，有各种不同的尺寸规格以及不同的厚度和材质

条纹 这是一种在针织罗纹布上织造的色织条纹，规则整齐，具有一种秩序美感

波点 波点图案非常常见，圆点直径和排列方式千变万化，既活泼而又井然有序，这类织物适用范围广泛，尤其适合做童装和少女装

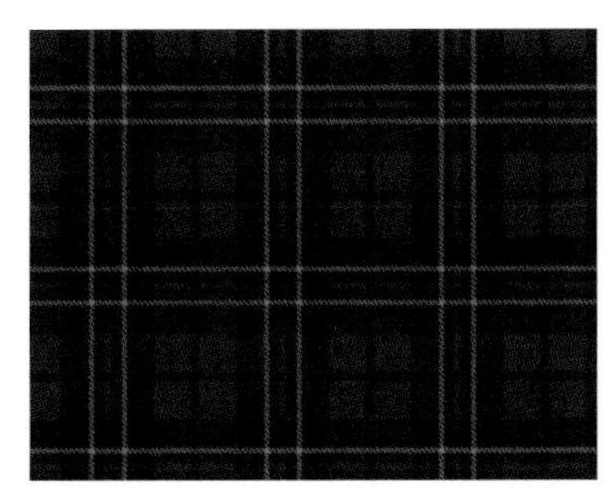

苏格兰格 这是一种历史悠久的方格图案，这类织物由多种彩色纱线织造而成，颜色和线条粗细变化组合丰富，被广泛用于现代服装中，适合制作衬衫、校服或制服风格的裙装

人字纹 这是一种经典纹样，由人字形的花纹得名，斜向条纹的变化寓于统一之中，适合制作套装或较为正式的裙装

花卉图案 花卉图案经久不衰，造型、色彩和风格多样，这类织物具有唯美、可爱、自然的特征，适合制作衬衫、裙子等各式女装

迷彩图案 由军装演化而来的现代服装面料图案之一，在经典迷彩图案的基础上，还出现了很多变化图案和色调，这类织物适合制作童装和少女装，表现一种帅气的风格

斑马纹 作为野生动物纹样的一种，斑马纹具有随意、帅气的风格特征，其黑白相间的简单颜色组合，特别易于和其他颜色搭配

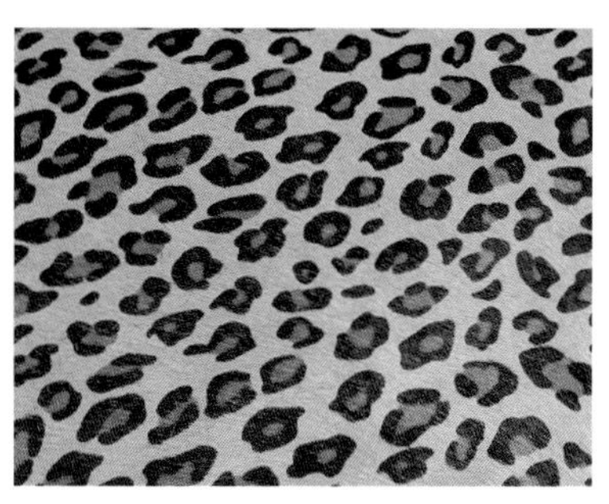

豹纹 野生动物纹样中的经典图案，几乎每年都会出现在国际秀场和流行市场中，豹纹可以展现狂野个性，也可以形成可爱或时尚而现代的风格，这类织物被广泛用于各种风格的女装中

· 特殊面料

◆ 这些面料对于初学者而言，缝制难度较高。

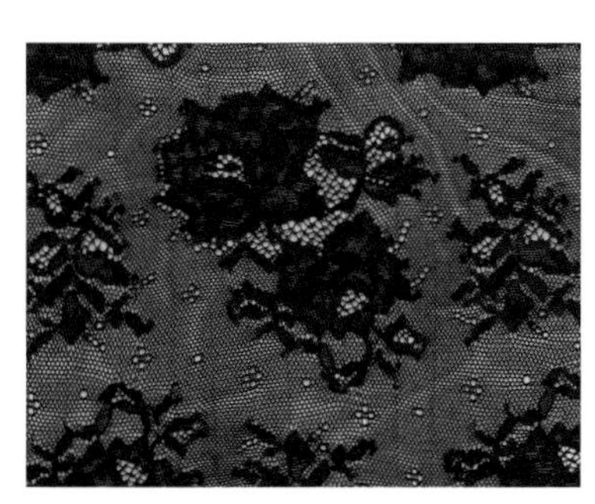

蕾丝 蕾丝属于针织面料的一种，通过一些特殊工艺形成花卉图案且呈现半镂空底纹，蕾丝面料精巧细致，种类丰富，适合制作打底衫、裙子及礼服等

绸缎 缎面材料表面具有柔和的光泽，爽滑而有骨感，悬垂性强，缝制加工时有一定难度，适合制作衬衫、连衣裙、礼服等

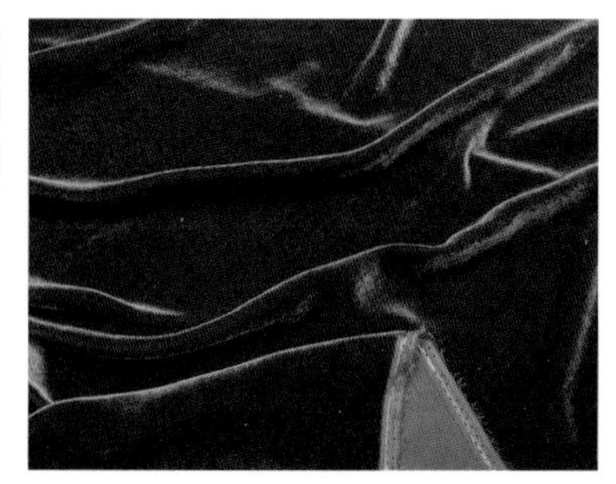

丝绒 真丝丝绒光泽柔和、华丽，手感软糯，适合制作秋冬季衬衫、连衣裙和礼服等。丝绒的一面有绒毛，有倒顺毛之分，且缝合时容易错位，缝制有一定难度

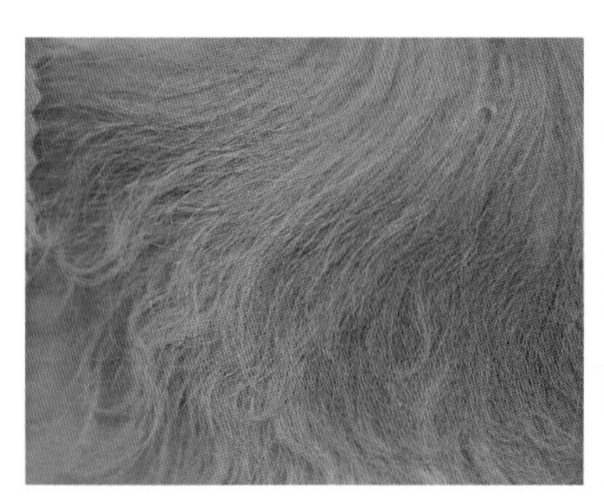

羊卷毛 这是一种毛纤维卷曲且绒毛较长的皮草种类，需要用特种机器加工制作，有一定的专业技术要求

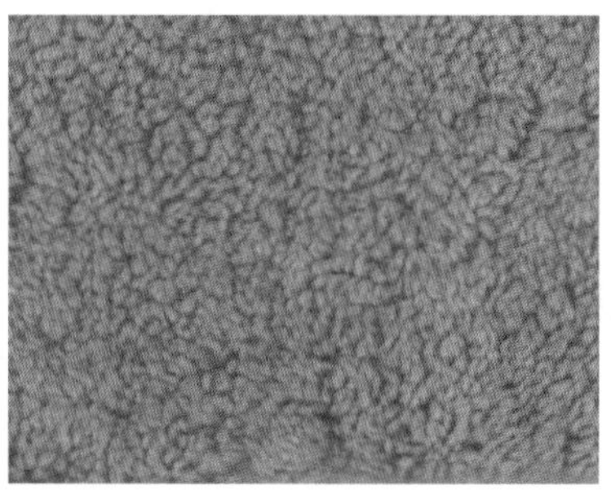

羊羔毛 表面有一些细小纤维，缝制有一定难度，需要对成品进行一些后整理。有很多仿制的羊羔毛，常用作冬季衣物内胆或垫子等家居用品

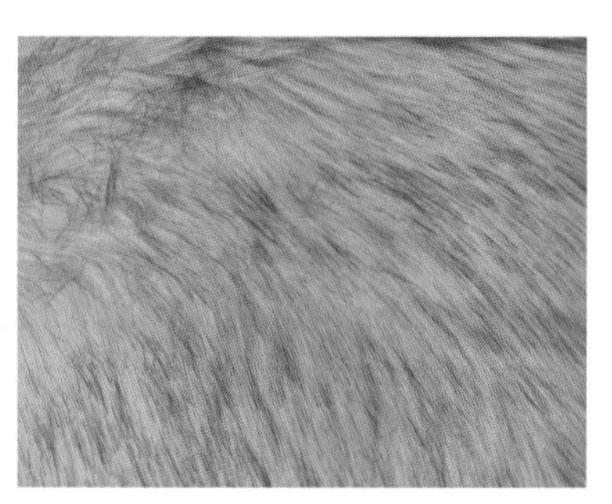

仿皮草 通常在针织布底上加工而成，相对比较厚实，普通的家用缝纫机不吃厚，需谨慎操作

· 其他相关知识

纱向

在机织布料上，与布边平行的是经纱，垂直于布边的是纬纱，斜向 45° 的纱向被成为斜纱。如果没有加入弹力纤维，机织面料中，通常经纱没有弹性，纬纱弹性较小，斜纱弹性较大（因为经纬纱向处于不稳定状态）。如果没有布边，可以拉扯布料，感受不同方向的弹性，由此来判断经纬纱。在纸样上，使用双箭头（↕）来表示经纱方向。

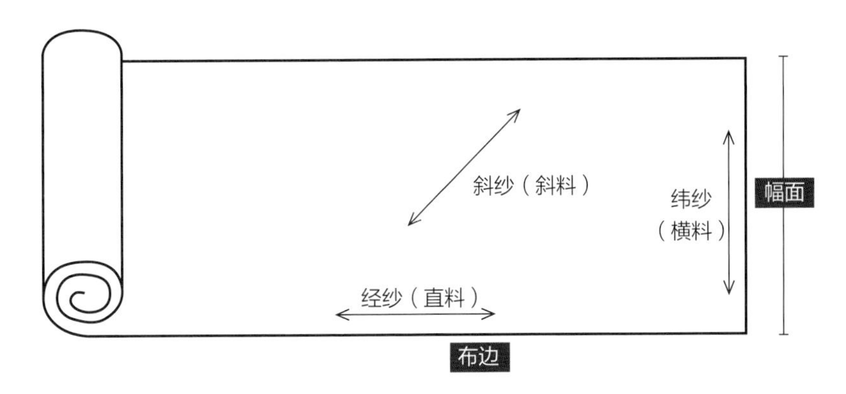

正反面

在使用布料时，通常会将正面作为成品正面，区分正反面的方法有以下几种：观察布边，有文字的一面是正面；观察布料表面，正面通常光泽度较好，颜色相对鲜艳，印花图案和纹理也更清晰。如果布料正反面差别不大，在使用时，统一将某一面作为正面即可。

幅宽

市面上的布大都是筒状包装的，类似于卷纸，宽度是固定的，长度可达上百米。幅宽即布匹纬纱方向的幅面宽度，服装用布主要有单幅、普通幅和双幅三种。单幅约 91cm，普通幅约 112cm，宽幅为 142 ~ 152cm。

倒顺毛

有些面料如丝绒、灯芯绒和毛呢面料，其表面有细微绒毛，用手朝不同方向抚摸，面料表面的光泽和纹理会不一样。此类面料在裁剪时，需要注意保持绒毛方向一致。

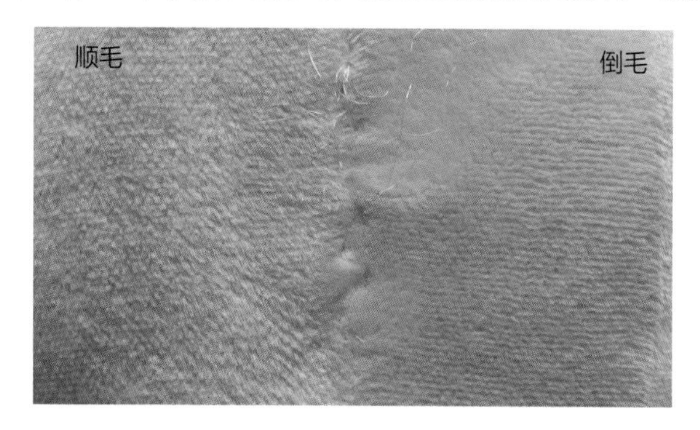

衣物洗涤注意事项

· 分类洗涤，深色衣物与浅色衣物分开，以免串色。

· 反面洗涤，特别是有印花图案或亮片装饰的衣物，以减少摩擦和褪色。

· 使用适量的洗涤剂，以免洗涤剂残留和水体污染。

· 避免使用含有漂白剂的洗涤剂。

· 洗涤时，避免长时间浸泡而导致变形或褪色。

· 晾晒时，将衣物平铺或挂起，避免阳光直射，以免衣物褪色。

· 对于羊毛、丝绸等面料，建议使用专门的洗涤剂，洗好后不可拧干，在阴凉处晾干。

· 若衣物有顽固污渍，可以先进行局部处理，避免整体洗涤时污渍扩散。

· 对于弹力大或易变形的衣物，洗涤时可装入网袋中，晾晒时使用宽肩衣架或平铺。

常见衣物洗涤标志

30℃水洗

可以手洗

不可水洗

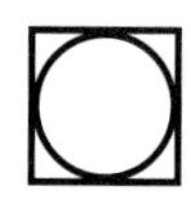
可以烘干

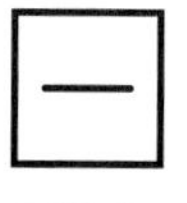
平铺晾干

悬挂晾干

中温熨烫

不可熨烫

专业湿洗

☆ 小贴士

☆ 面料去哪买

线上线下都有很多卖面料的店铺，线上采购方便快捷，种类更加丰富。刚开始接触缝纫时，可以多逛逛当地的面料市场，多触摸面料，观察面料的纹理、悬垂性，感受面料的质地和回弹力，和卖家交流询问面料缩率等相关信息，为线上挑选面料打基础。

☆ 面料挑选注意事项

· 幅宽：做同样的服装，幅宽不同，所需布料的长度也不同，购买时需注意。

· 价格：注意卖家提供的单价是一米布的价格还是半米布的价格，有的店家以码为单位，1 码约等于 0.9144 米。

辅料基础知识

· 粘合衬

粘合衬是一种常用辅料，有很多种类，其背面有热熔胶涂层，能在熨斗加热作用下黏合在面料上，使面料挺括，起到塑型的作用。粘合衬有很多不同的厚度，可根据烫衬的目的和面料的厚度来选择。薄的粘合衬适合放在服装的零部件（如领子、门襟、袖克夫、腰头等）处，起到加固定型以及防止变形的作用。厚的粘合衬常用于包和帽子等物品。

无纺衬 适用于比较轻薄的面料，常用于服装的零部件，有不同的厚度

树脂衬 纹理清晰，挺括度高，可用于各类包袋、帽檐、拼布等

布衬 即有纺衬，有明显布纹，有各种厚度之分，有一定的伸缩性，用于悬垂感较强的面料

粘合衬条 粘合衬条可用于防止拉长的部位，如袖窿、领圈等，用于定型

双面粘合衬 被称为“布用双面胶”，两面都有黏性，使用时把它夹在两层布料中间，通过熨烫使其黏合，适合新手在缝合时使用

☆ 小贴士

· 粘合衬按照织造方式可分为无纺衬和有纺衬，按照功能可分为单面粘合衬和双面粘合衬

· 同一块面料上，不同厚度的粘合衬烫可呈现不同的效果

· 熨烫时应仔细区分正反面，有胶粒的一面切勿直接接触熨斗

· 常用里布

化纤里布 化纤里布中的涤纶里布色泽光亮，手感爽滑，常用作外套袖子里布，以便于穿脱。一些再生纤维里布也常用于西装、风衣等外套

纯棉里布 纯棉里布吸湿排汗，透气性能好，常用于纯棉外套、裙子等，与大身面料相配伍

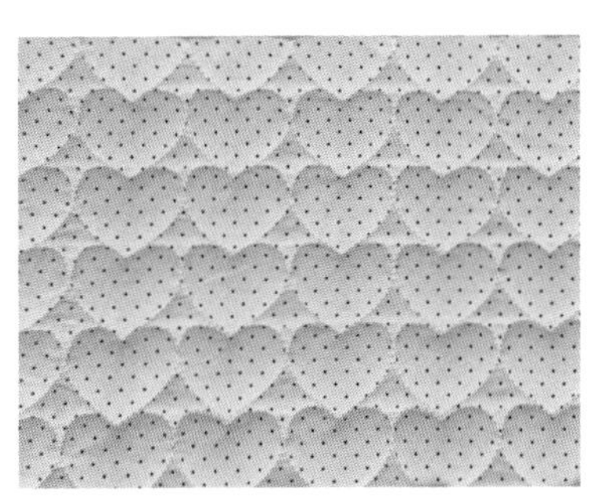

绗缝面料 在两层布之间夹了一层铺棉，通过某种形状的线迹或外力压制固定，比较保暖。可用来做冬季服装的内胆或里布，也可以用来制作各类包袋

· 拉链

拉链常用于裙子、裤子和上衣门襟处，以及包袋开口处。

拉链大致分为三个部分（拉链头、拉链齿和码带），有不同的材质和颜色之分。拉链齿有尼龙、金属等不同材质，拉链码带还可以做撞色设计，由此可以为服装增添个性和细节设计。

拉链的规格有统一的号数规定，号数越大，拉链齿越宽，如 5 号拉链比 3 号拉链的拉链齿宽。3 号拉链，拉链齿宽约 4mm；5 号拉链，拉链齿宽约 5mm；8 号拉链，拉链齿宽约 8mm；10 号拉链，拉链齿宽约 9mm。应根据设计和目的来选配不同的拉链。

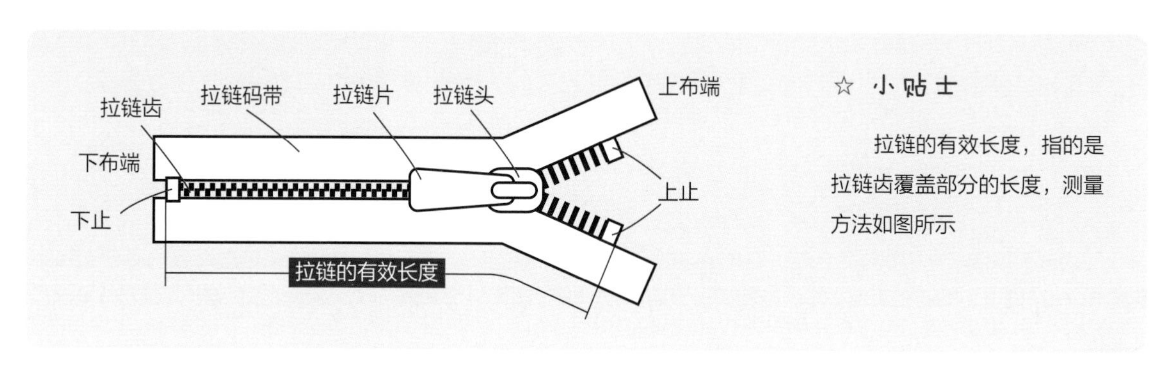

按材质分类

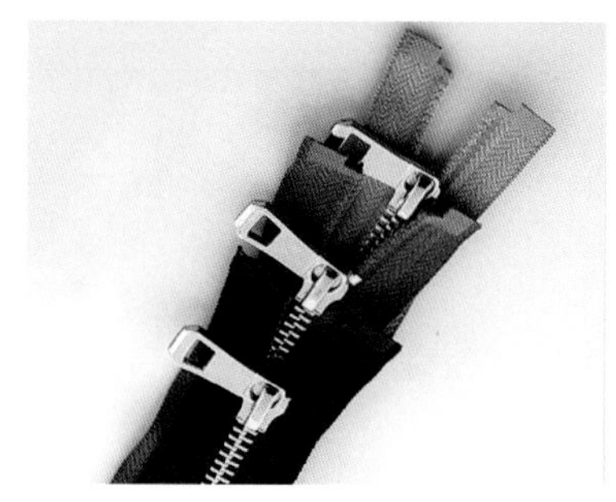

金属拉链

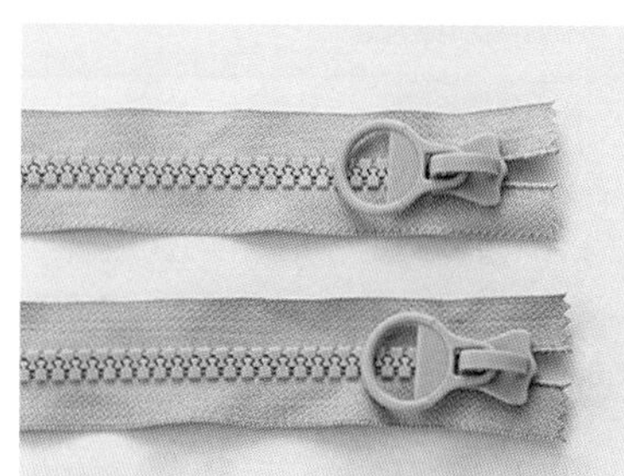

树脂拉链

尼龙拉链

按功能分类

隐形拉链 这种拉链拉上后看不到拉链齿，多用于薄料服装、裙装、哺乳衣等

开尾拉链 开尾拉链的末端可以完全打开，广泛应用于服装、背包等产品中，特别适用于中长款羽绒服

双拉头拉链 用于帐篷、蚊帐以及双面可穿服装。双拉头拉链还有很多种类，包括开尾拉链、闭尾拉链、双拉头两头相背拉链、双拉头两头相对拉链等

· 纽扣

纽扣常用于裤子和上衣门襟处，以及包袋开口处。

纽扣按照材质可以分为树脂扣、贝壳扣、木质扣、金属扣等，按照造型可以分为有眼纽扣、有脚纽扣、包扣、四合扣、暗扣（揿扣）、裤钩、风纪扣等。

按材质分类

树脂扣

贝壳扣

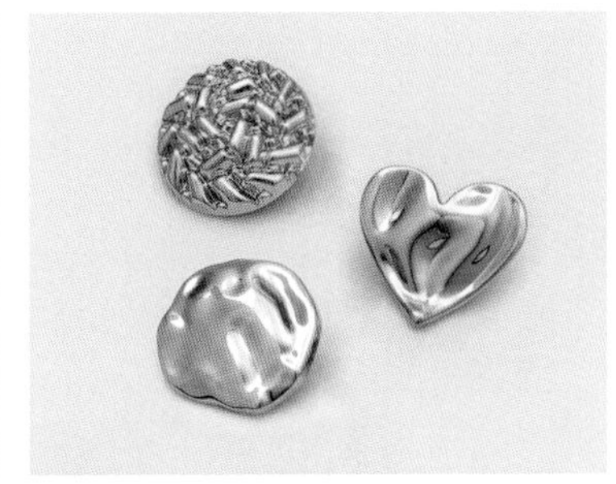

金属扣

按造型分类

有孔纽扣

有脚纽扣

包布纽

四合扣

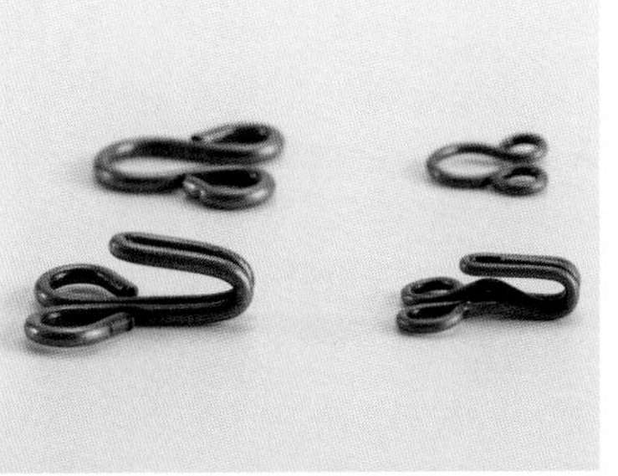

风纪扣

磁吸扣

制版知识 Pattern Making

服装结构设计与纸样

纸样是现代服装工业的专用语，含有“样版”“标准”等意思。服装结构设计往往通过“纸样”来实现，借助纸样得到裁片，再将裁片缝制加工成服装。

服装结构设计即服装制版，主要分为平面结构设计和立体造型设计两大类。

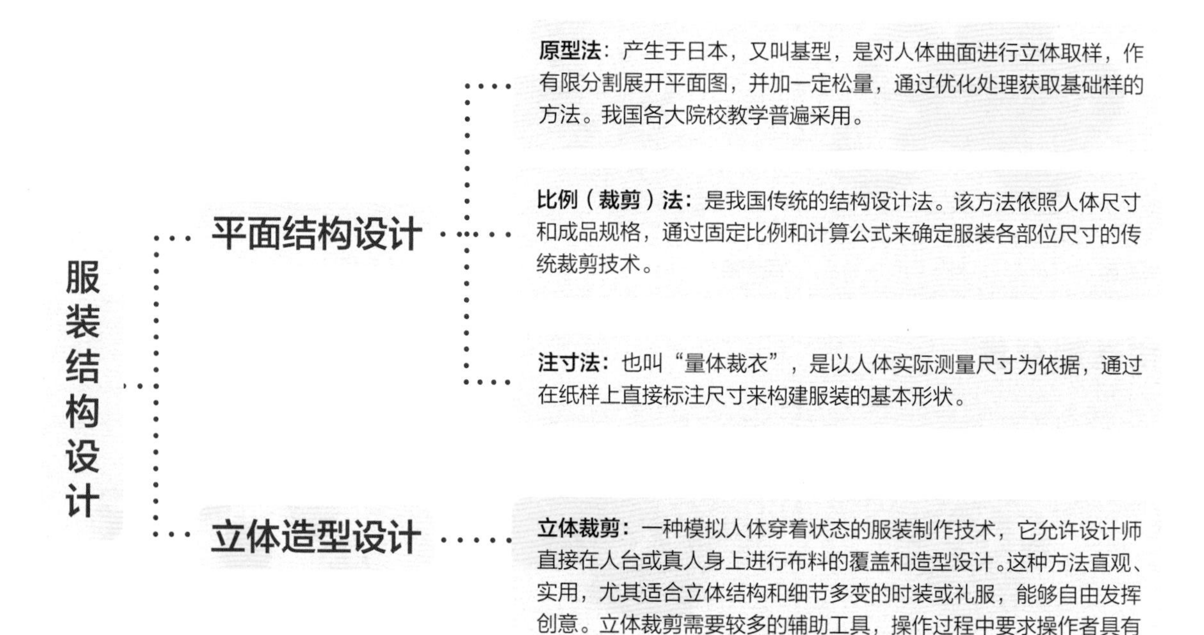

☆ 小贴士

☆ **关于比例（裁剪）法**

采用比例（裁剪）法制作传统款式，如西裙、西裤、衬衫和西装时，能够快速而精确地在布料上直接裁剪，节省时间并保证成品质量。这种方法的优点在于操作简便、适应传统款式，便于技术传承。然而，它在应对款式多变或结构复杂的现代设计时可能不够灵活，且对个人经验的依赖性较强，对服装结构的理解也相对主观。

☆ **关于注寸法**

注寸法是服装制版中的一种直观技术，易于理解和操作，特别适合初学者和简单款式的服装。注寸法的优势在于它的直接性和便捷性，能够快速准确地完成制版，减少出错率。

注寸法的局限性在于它对于复杂或需要精细调整的服装款式不太适用。由于这种方法依赖于精确的尺寸标注，一旦原始数据有误，整个制版过程都可能受到影响。因此，注寸法更适合那些对服装结构要求不高、追求快速制版的场合。

人体测量

（1）测量时的站姿

①头部，保持耳朵、眼睛水平。

②背部，自然伸展不抬肩。

③双臂自然下垂，手心向内。

④双脚后跟靠紧，脚尖自然分开。

（2）测量时的着装

测量结果作为制作外衣时的参考尺寸，因此在测量时要穿内衣（文胸或紧身衣）。

（3）测量时的项目

测量点及其在人体上的位置（见下表）。

1 头顶点	保持耳朵、眼睛水平时头部中央最高点
2 后颈点（BNP）	第七颈椎的突出位置
3 侧颈点（SNP）	斜方肌的前端和肩线的交点
4 前颈点（FNP）	左右锁骨的上沿连线与正中线的交点
5 肩点（SP）	手臂和肩线的交点，从侧面看处于上臂正中央位置
6 胸高点（BP）	穿戴文胸时乳房的最高点

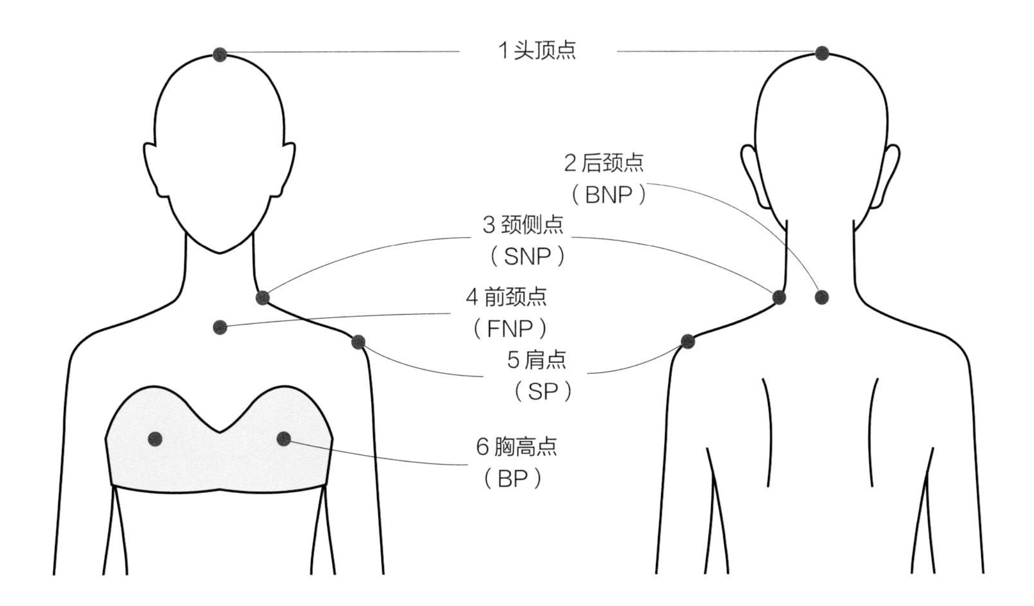

围度及其测量方法（见下表）。

1 头围	沿眉间点过后脑最突出位置的围度
2 颈围（N）	过 BNP、SNP、FNP 的围度
3 胸围（B）	过 BP 水平一周的围度
4 腰围（W）	躯干最细处，适合腰带的位置水平一周的围度
5 臀围（H）	过臀部最突出位置水平一周的围度

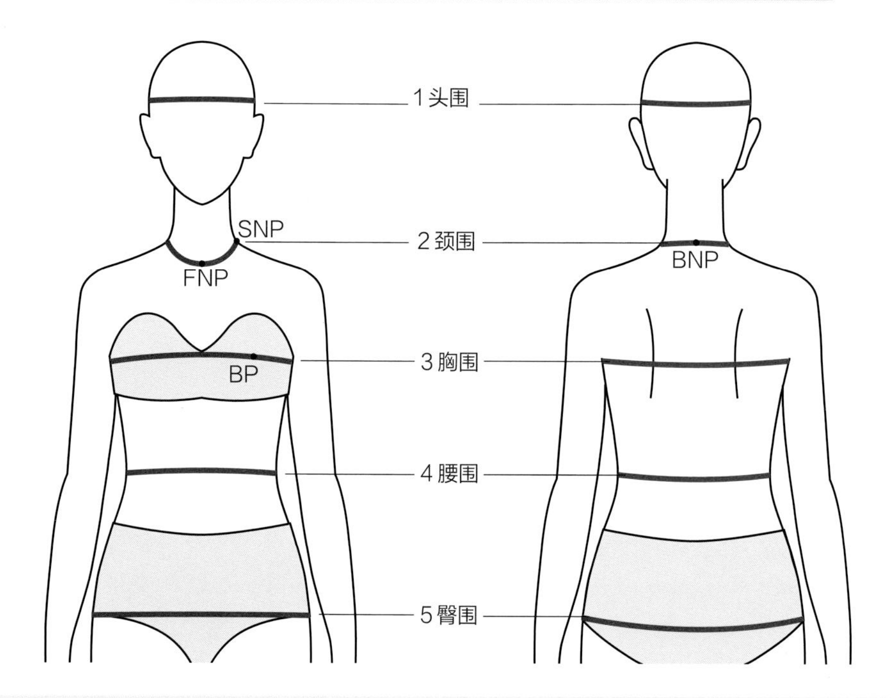

☆ 小贴士

☆ **服装尺码的小秘密**

你了解现在市场上服装的尺码吗？你知道其中的含义吗？

我们在服装尺码标上常见的 160/84A、165/88A 是指服装号型，是根据正常人体的规律和使用需要，选出最有代表性的部位，经合理归并设置的。

“号”指高度，以厘米表示人体的身高，是设计服装长度的依据。

“型”指围度，以厘米表示人体胸围或腰围，是设计服装围度的依据。

“A”代表人体的体型，表示人体净胸围与净腰围的差值。体型以胸腰差进行分类，分为 Y 型、A 型、B 型及 C 型。

体型类别		Y 型	A 型	B 型	C 型
胸腰差（cm）	男	17~22	12~16	7~11	2~6
	女	19~24	14~18	9~13	4~8

因此，160/84A 的女上装表示适合身高 160cm 左右，胸围 84cm 左右，胸腰差为 14~18cm 的女性穿着。

测量长度、宽度及测量方法（见下表）。

长　度	1 身高	从头顶开始一直量到地面，用身高尺量
	2 总长	将软尺的零刻度对准 BNP，测量到地面的距离
	3 背长	从 BNP 到腰围线的长度
	4 前长	从 SNP 过 BP 到腰围线的长度
	5 后长	从 SNP 过肩胛骨突出点到腰围线的长度
宽　度	6 胸宽	用软尺测量左右前腋点的间距 注意不要测量成弧线，用软尺的下端抵着身体测量
	7 肩宽	从左 SP 过 BNP 到右 SP 的长度
	8 背宽	从左后腋点到右后腋点的长度

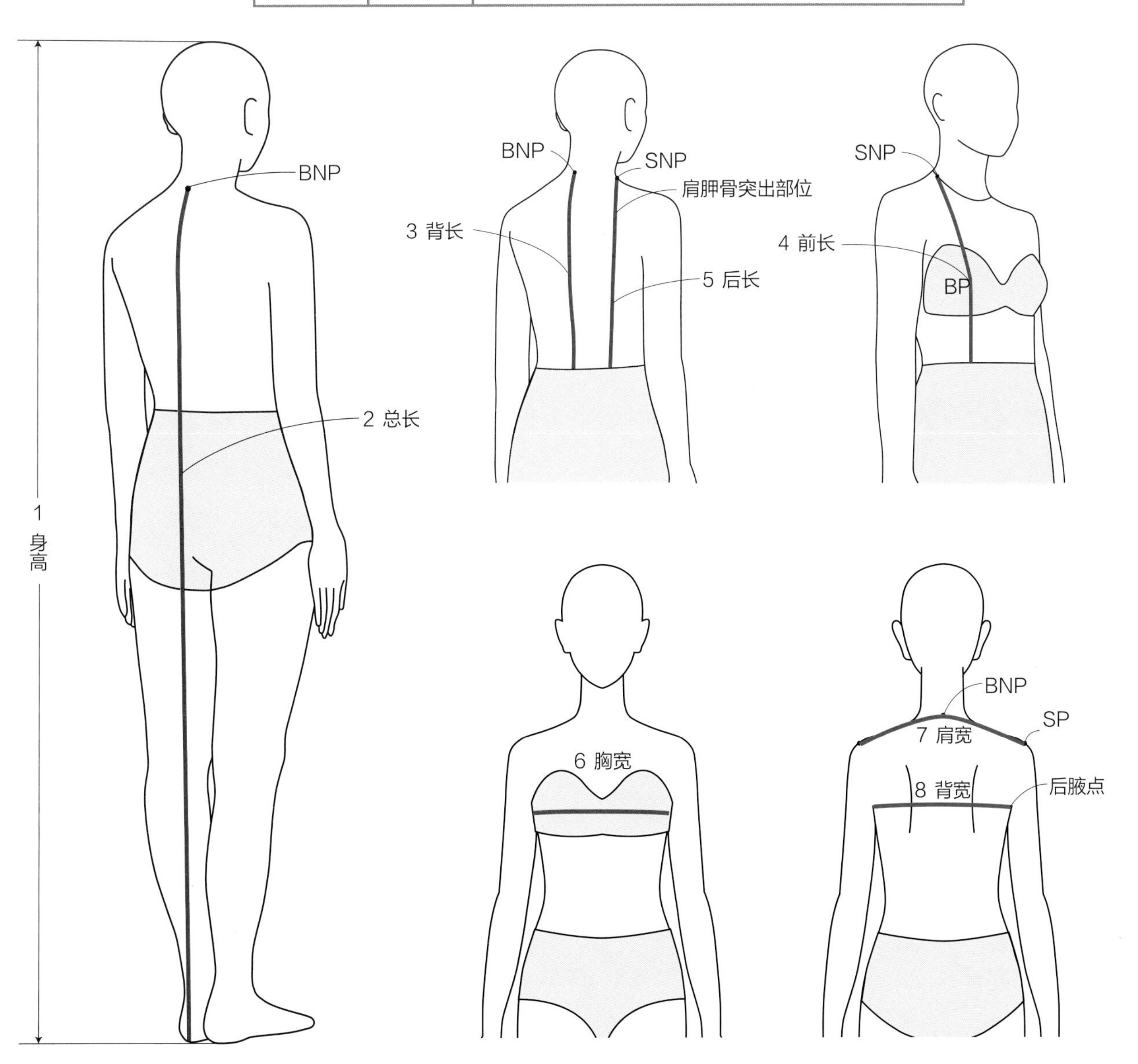

认识原型

制作衣服的第一步是借助原型制版技术。原型是衣服的“基础形状”，包括衣身、袖子、裤子和裙子等，各种款式都可以基于原型进行变化。

首先，需要测量关键的身体尺寸，如胸围、腰围、臀围、肩宽等，以确保衣服穿着合体。接着，根据这些尺寸，通过公式计算得出的数据，并依据一定的顺序在纸上画出基础形状，这就是原型。注意，这些公式中的松量不是固定不变的，需要根据面料、款式和体型的细小差异等因素进行调整。

然后，根据目标款式的具体要求来调整这个原型。例如，若想让衣服腰部更贴合，可以在原型的腰部位置适当收窄；若希望下摆更宽松，则可以在下摆部分增加量。原型调整好后，它就成为裁剪用的纸样了。纸样是裁剪布料时的形状模板，服装的每个部分都应有对应的纸样。

在真正开始裁剪布料之前，可以试制一件简单的样衣（通过粗缝或假缝），通过试穿检查样衣是否合身，以及是否需要调整。经过多次调整和修改，确保最终的衣服既美观又舒适。

最后，根据纸样来裁剪布料，之后就可以进入缝制的阶段了。

☆ 小贴士

☆ **关于原型制版**

· 原型相当于一把特殊的“尺子”。在原型的基础上，可以进行结构设计

· 原型不适用于特殊体型

· 裙子原型

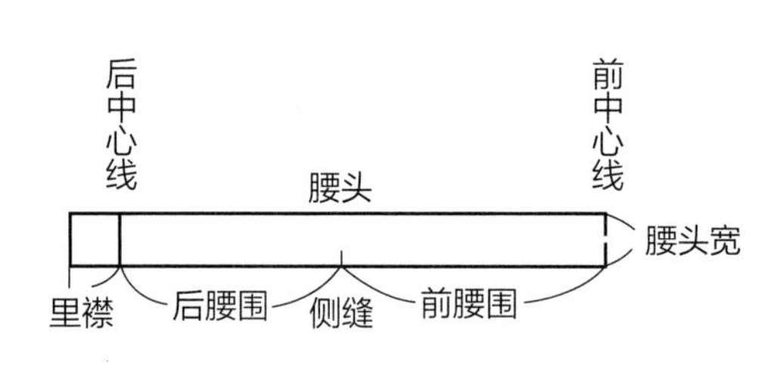

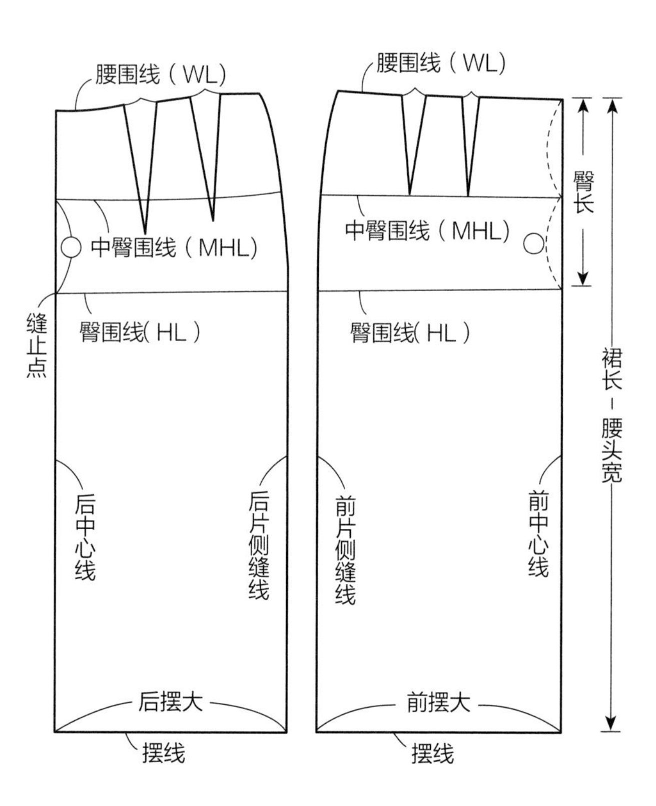

扫码看图文教程
原型的绘制方法

· 衣身和袖子原型

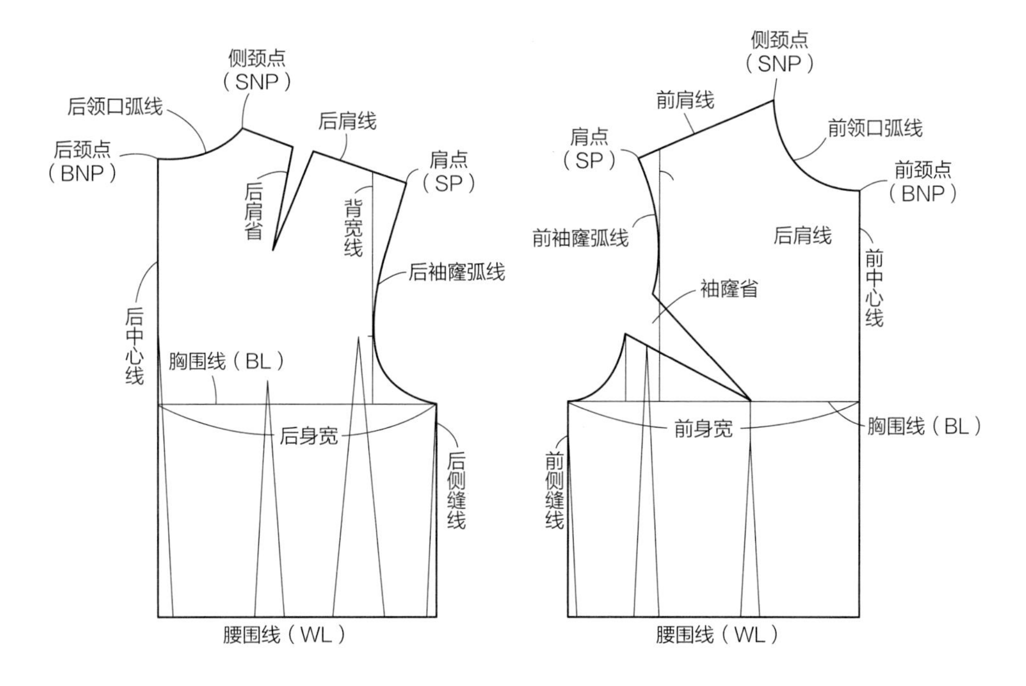
侧颈点
（SNP）
后领口弧线
后颈点
（BNP）
后肩线
肩点
（SP）
后肩省
背宽线
后袖窿弧线
后中心线
胸围线（BL）
后身宽
后侧缝线
腰围线（WL）
侧颈点
（SNP）
前肩线
肩点
（SP）
前领口弧线
前颈点
（BNP）
前袖窿弧线
后肩线
前中心线
袖窿省
前身宽
胸围线（BL）
前侧缝线
腰围线（WL）

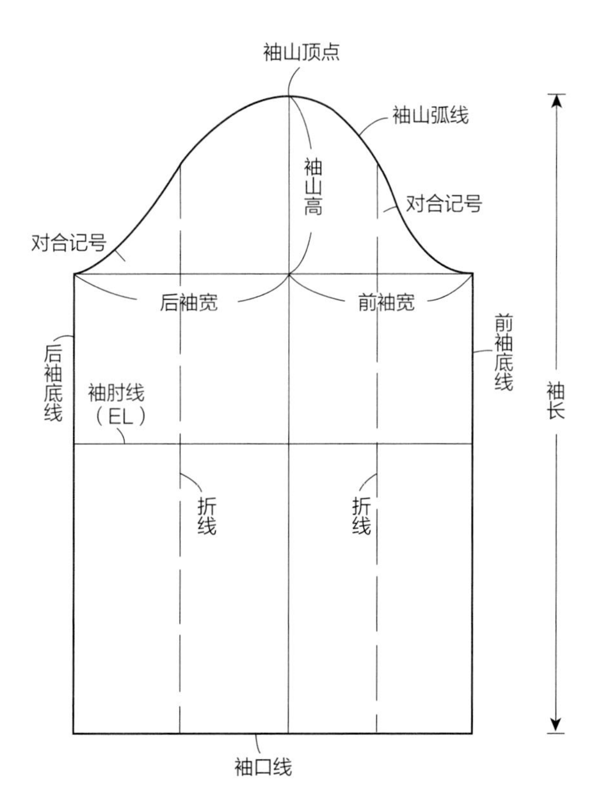
袖山顶点
袖山弧线
袖山高
对合记号
对合记号
后袖宽
前袖宽
后袖底线
前袖底线
袖肘线
（EL）
折线
折线
袖长
袖口线

衣身省道的变化

省道是服装设计和制版中的关键概念，它指的是在服装的平面结构中，为使服装贴合人体曲线而设计的折叠或收缩部分。简而言之，省道是平面布料包覆人体曲面时，根据曲面曲率折缝的多余部分。这些省道通常位于胸部、腰部和背部等人体曲线变化较大的部位。通过设计省道，可以调整服装的宽松度和贴合度，使其适应人体的自然形态。省道的形状和位置可以根据服装的风格和设计需求进行调整，以达到不同的视觉效果和功能需求。

此外，省道的功能不仅限于塑造服装的合身度，还能增强服装的设计感。设计师可以根据设计要求调整省道的布局和形态，优雅地展现人体的曲线美。

· 衣身省道名称

根据省道位置的不同，可以将上衣省道分为以下几种：①肩省、②领省、③中心省、④腰省、⑤腋下省、⑥袖窿省。

原型前身衣片含有袖窿省和腰省，其中省尖指向 BP 点的袖窿省和腰省可以以 BP 点为中心进行 360° 旋转，而省尖不指向 BP 点的腰省可根据服装的合体度决定省量。

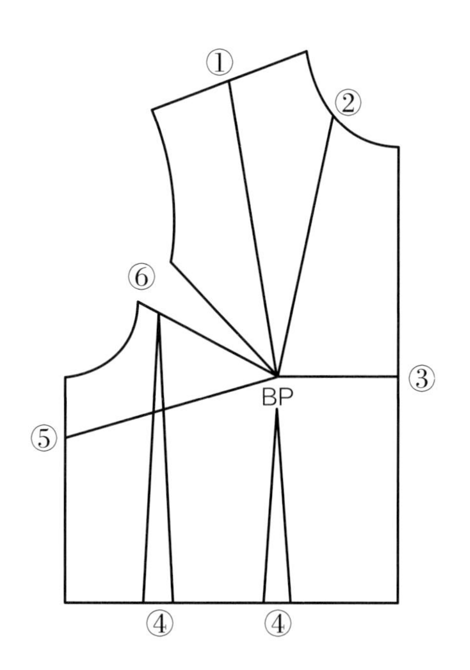

· 衣身省道的转移与合并

省道合并是制版中的一个实用技巧，它通过将多个省道合并为一个，简化了服装的线条，同时减少了裁剪和缝纫的工作量。例如，将肩省和腰省合并成公主线，这样的设计不仅让服装看起来更加干净利落，也更易于缝制。这种技巧让制版师在保持服装合体的同时，提升了服装的外观和实用性。

此外，为了加强褶皱的装饰效果，设计师也常常通过剪开和展开的方式加大褶皱量。通过合并省道，设计师可以在保证服装合体度的前提下，创造出更加丰富的表面纹理和立体感。

在《中道友子魔法剪裁》系列丛书中，中道友子详细展示了如何通过省道的合并、转移和变化，巧妙地创造出具有立体效果服装的制版方法。她的书籍为服装设计师和制版师提供了宝贵的资源，帮助他们掌握如何将平面布料转化为具有雕塑感的立体服装，实现从平面到立体的转变。

· 省道的转移方法

剪开法：将新省道位置与 BP 点连线，沿这条线剪开，闭合原来的省道，省量就转移到剪开处，完成转移。

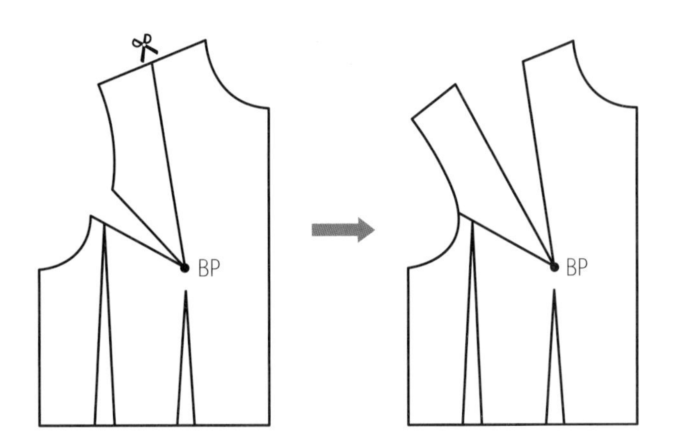

旋转法：将新省道位置与 BP 点连线，按住 BP 点不动，将原型旋转，使原来的省道边线吻合，描画从新省道到原省道之间的轮廓线。

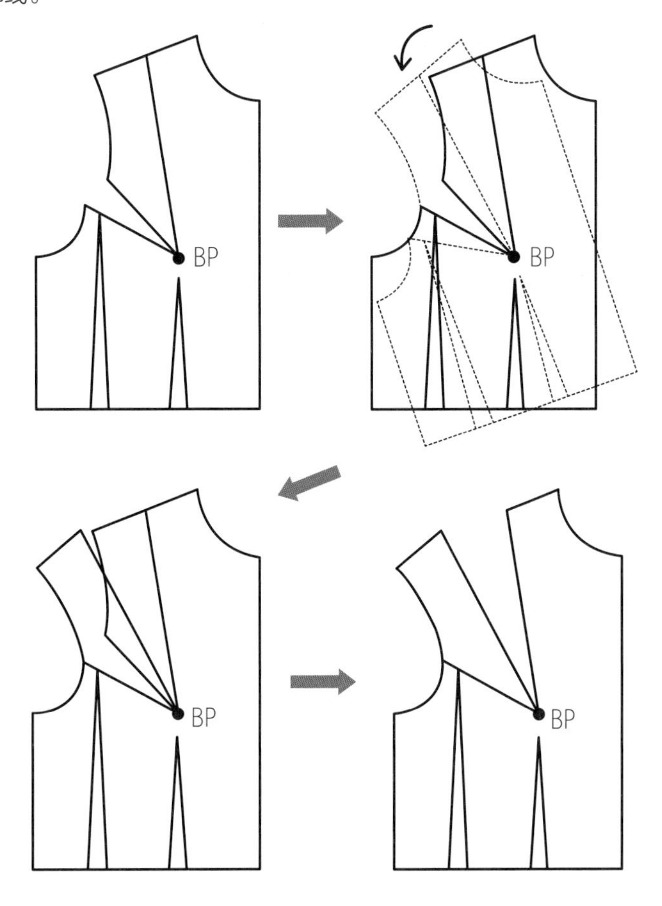

制版实例

款式分析

· 衬衫：①H廓形衬衫；②领口缝制蝴蝶结领；③前中连裁，配2个侧缝省；④后中连裁，配2个肩省；圆装半袖。

· 喇叭裙：①A字形喇叭裙；②正常腰位装腰；③前中连裁；④后中分割缝装隐形拉链。

注意事项

· 衬衫：在制作蝴蝶结时，要注意布料的纹理方向，以避免成品出现不自然的扭曲。

· 喇叭裙：由于裙摆较大，需要考虑布料的重量和垂感，以确保裙子的形态和流动性。

参考尺寸

· 衬衫：制图尺寸为净胸围（B）83cm，净腰围（W）64cm，净臀围（H）91cm，衣长（L）56cm

· 喇叭裙：制图尺寸为净腰围（W）64cm，裙长（L）70cm

◆ 在制版步骤的图示中，黑色线代表原有线条，红色线代表当前描述的新步骤。

· 衬衫的制版与缝制

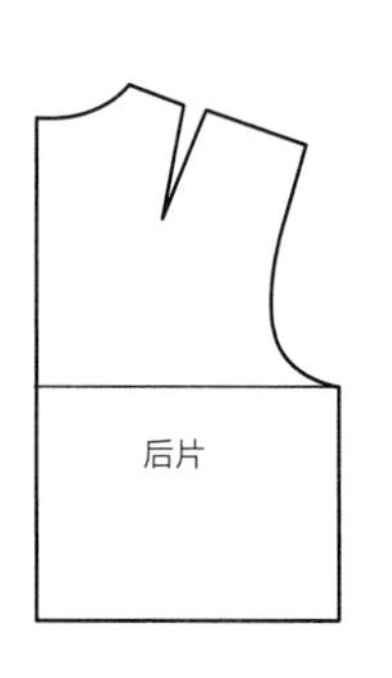

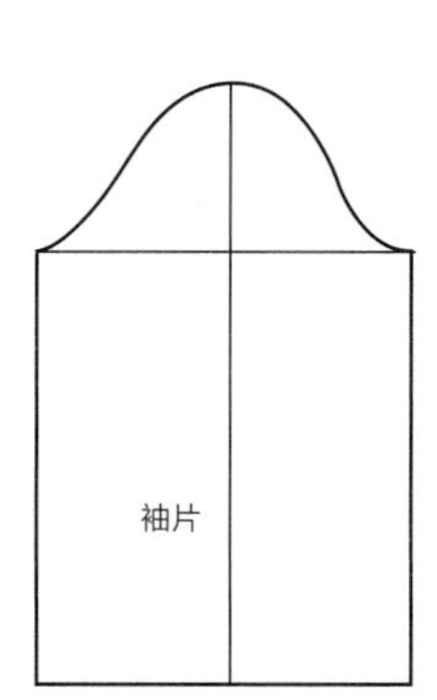

1 准备文化式上衣原型和袖原型，或依照穿着者的尺寸，根据公式绘制原型。

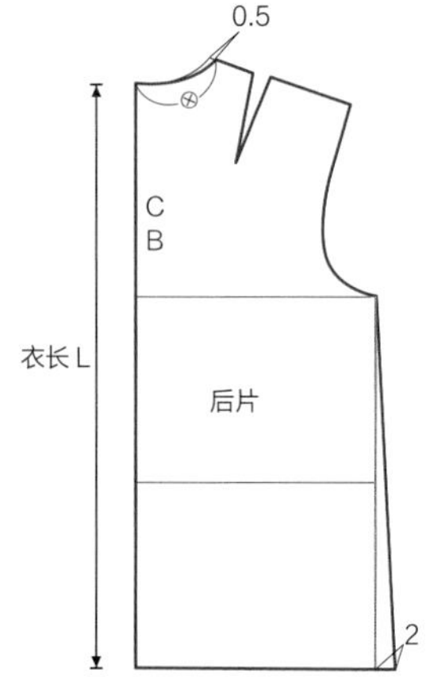

2 在原型基础上根据预期衣长将后中心线处延长，在侧缝处向外延长2cm，绘制新的侧缝线。在肩线处开大0.5cm绘制后领围弧线，再重新画顺新的后领围弧线，并将其标记为⊗。

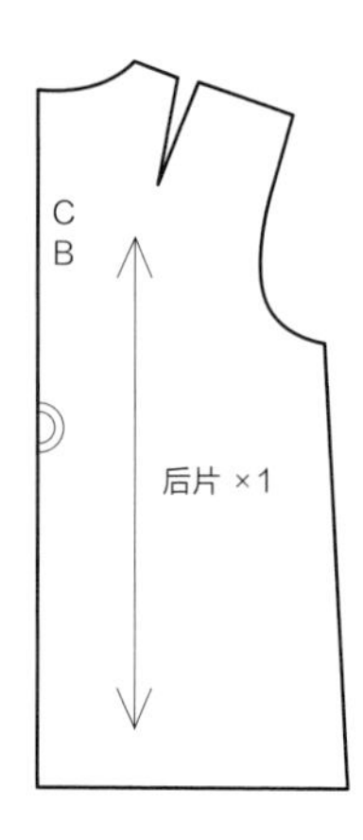

3 标记好连裁标记和丝缕线方向，后片纸样绘制完成。

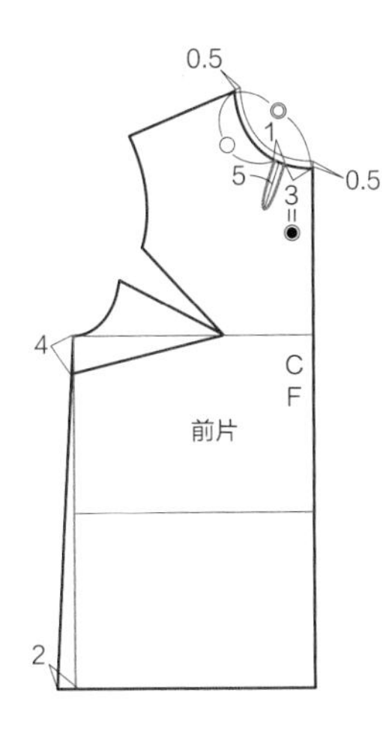

4 在原型基础上根据预期衣长将前中心线处延长，在侧缝处向外延长2cm，重新画新的侧缝线。

在肩线处开大0.5cm，颈窝点向下开深0.5cm，再画顺新的前领围弧线，将其标记为◎。

在前领围弧线上，自颈窝点向左取3cm（标记为◉），做一个宽1cm、长5cm的小开衩，开衩一端至肩颈点的弧线段标记为○。

自腋点向下4cm取一点，与胸高点相连。

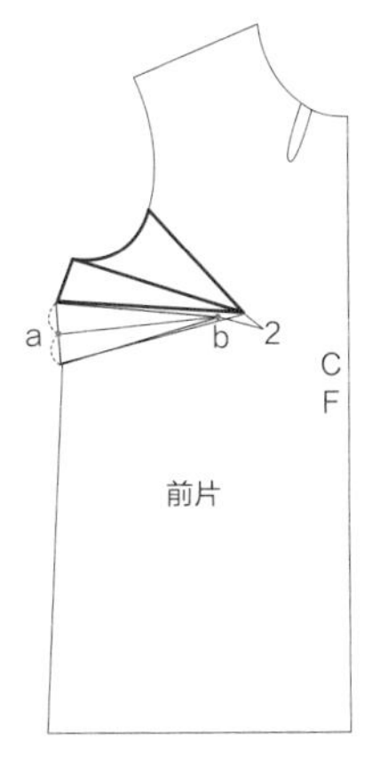

5 用剪刀将腋下4cm处与胸高点相连的直线剪开，将这一小片向上旋转移动，使原来的胸省合并。

将侧缝线上露出的新省宽平分（点a），连接点a与胸高点，作为新省道的中心线；将胸高点在新省道中心线上向外移动2cm（点b），分别将省宽的两边终点与点b相连，形成新的省道。

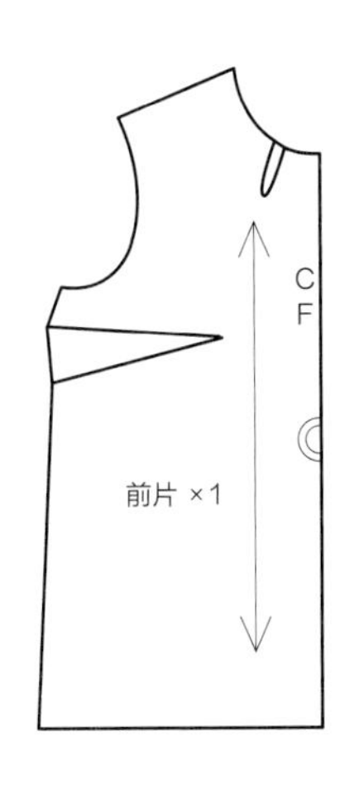

6 标记好连裁标记和丝缕线方向，前片纸样绘制完成。注意，领口小开衩只在右前片一侧，可将前片连裁后在缝制前剪开。

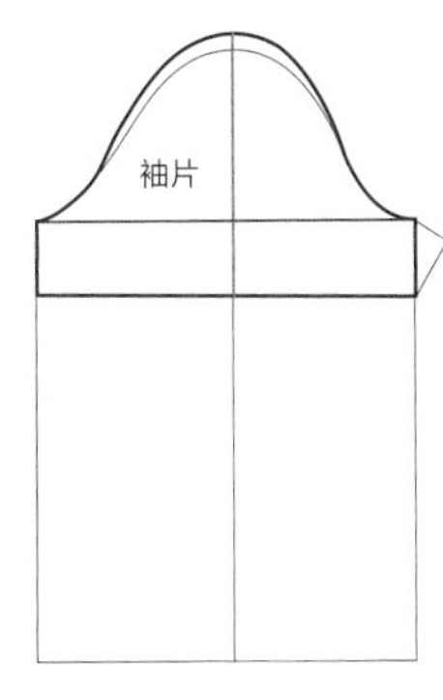

7 以原型袖片纸样为基础，将袖山略提高（2cm左右），袖长剪短至6cm。

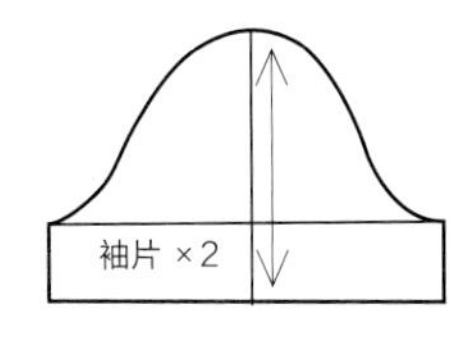

8 标记好丝缕线方向，袖子纸样绘制完成。

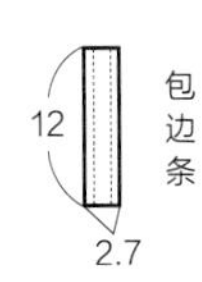

9 依照图示中的尺寸，绘制领口右侧开衩处的包边条。

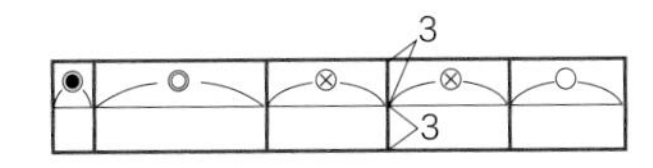

10 准备绘制蝴蝶结领。测量前、后片纸样上领围弧线上标记的弧线长度，以实际长度之和为长边、6cm为宽边，绘制一个长方形。中间画一条平分线。

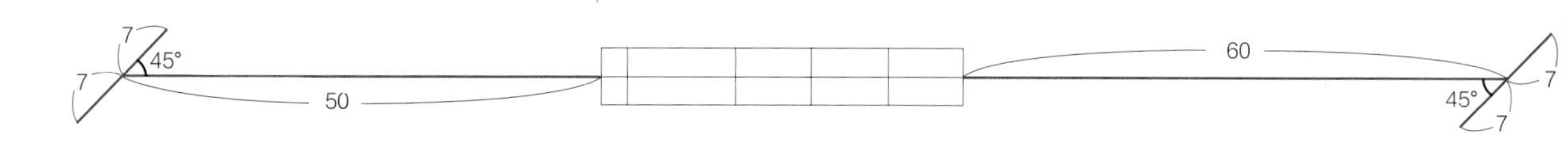

11 将平分线向两边延长，一边延长 50cm，另一边延长 60cm。如图所示，过两边端点分别沿 45° 方向画一条 14cm 的切线，其中点对应平分线，上下各为 7cm。

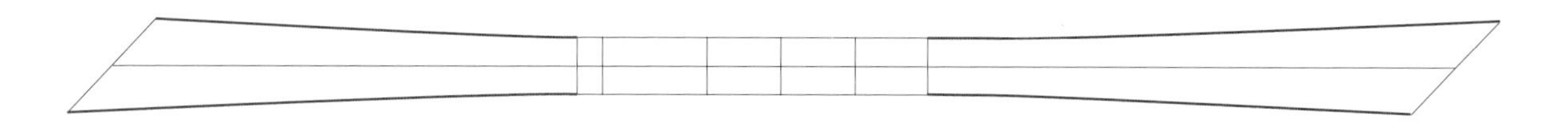

12 根据如图所示的红色弧线，分别将步骤 10 中的长方形端点与步骤 11 中的切线端点相连，画圆顺。

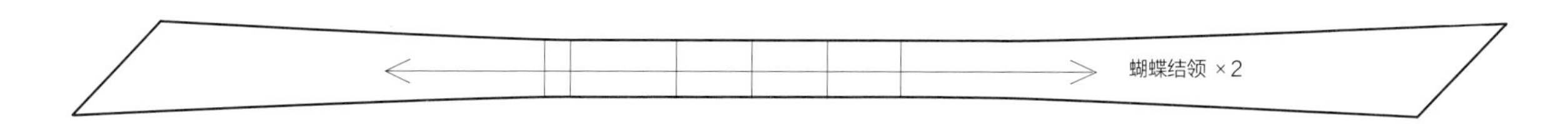

13 描摹整个外轮廓，标记丝缕线方向，完成蝴蝶结领纸样的绘制。

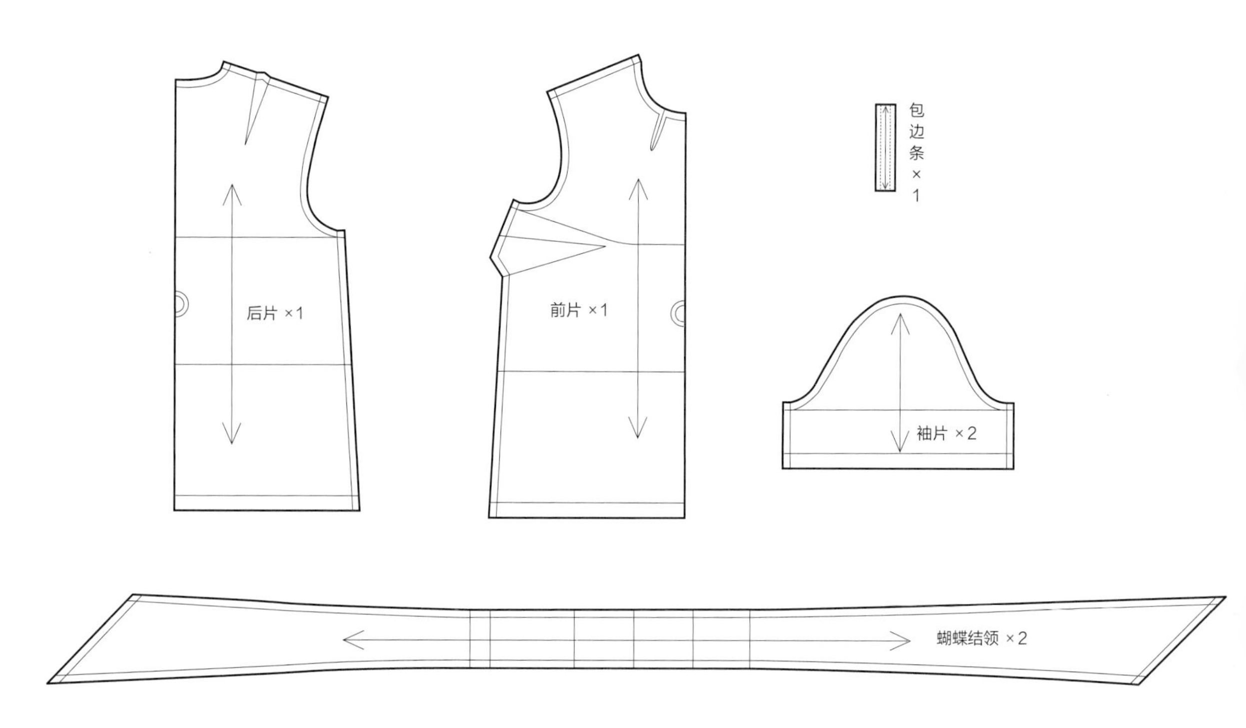

14 根据缝型要求进行放缝，除下摆放缝 2cm 外，其他放缝尺寸为 1cm。

排料图

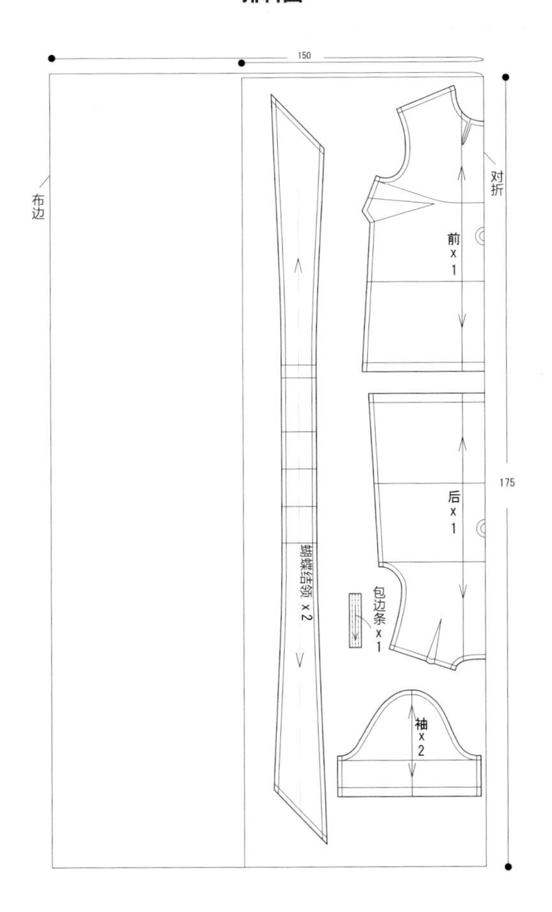

缝制步骤

1 熨烫包边条，在前领口处缝装包边条。

2 缝合胸省与肩省，熨烫时胸省向下倒烫，肩省向中心倒烫。

3 前后衣片侧缝正面朝上拷边，正面对合，缝合侧缝，分缝熨烫。

4 前后衣片肩缝正面朝上拷边，正面对合，缝合肩缝，分缝熨烫。

5 衣身下摆三折缝。

6 蝴蝶结领正面对合，由左装领止点缝至右装领止点，装领线处不缝合，由装领线处将蝴蝶结领翻至正面并熨烫，缝装蝴蝶结领。

7 袖底缝正面朝上拷边，正面对合缝合袖底缝，分缝熨烫。

8 袖口下摆三折卷边缝。

9 缝装袖身，衣身袖窿朝上拷边，倒向袖片。

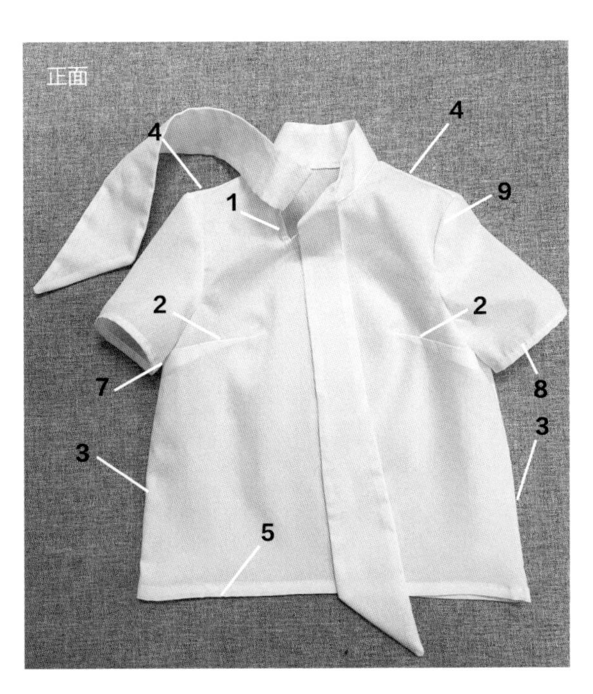

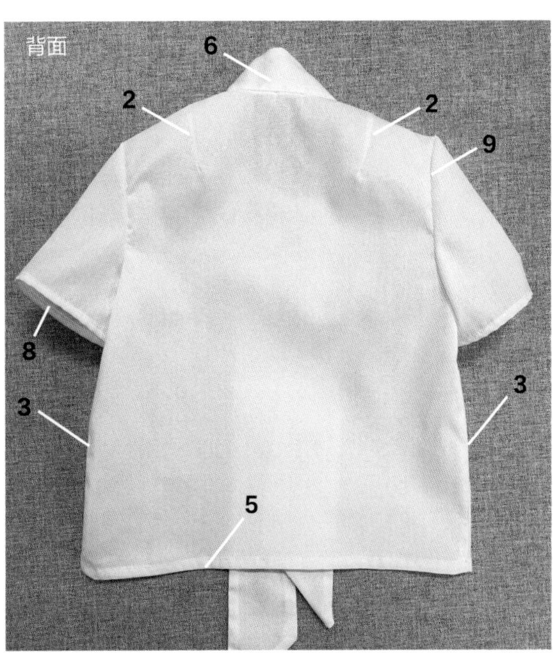

· 裙子的制版与缝制

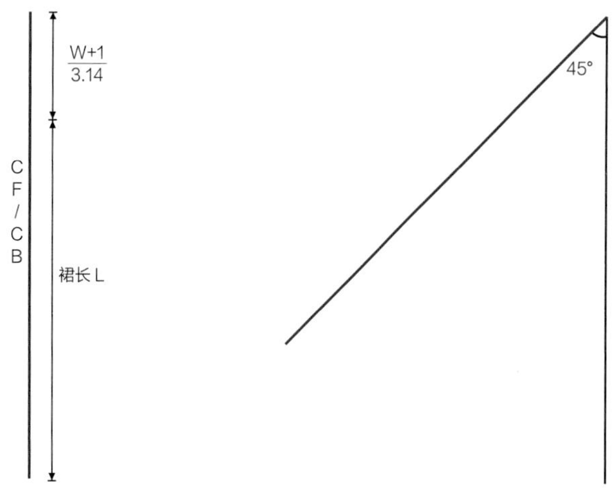

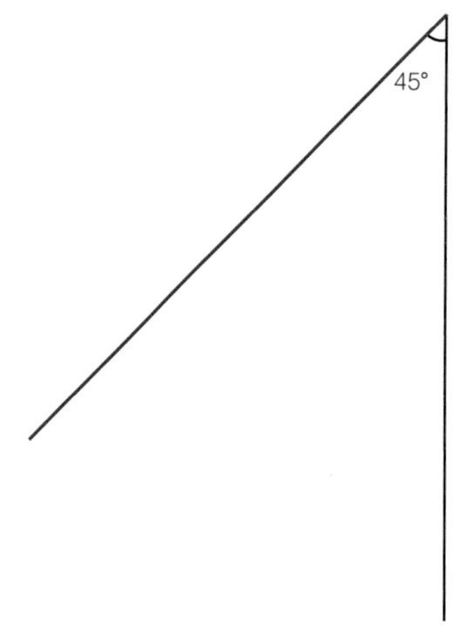

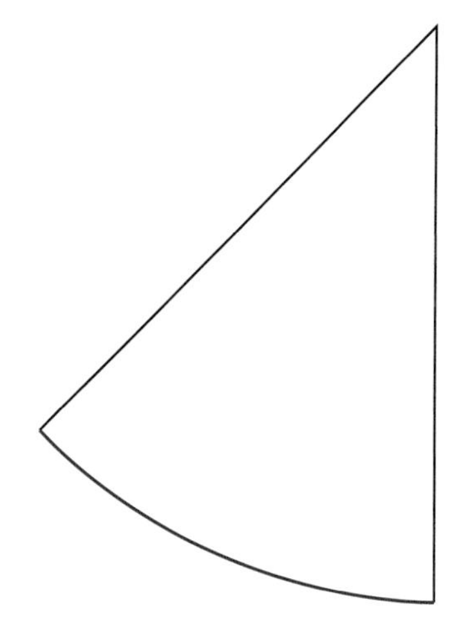

1 根据图示中的提示，依据腰围尺寸和想要的裙长，画一条竖线，作为裙身的前、后中心线。

2 在竖线的顶点偏移 45°，画一条等长的直线。

3 画一条弧线连接两条直线的另一个端点，形成扇形。

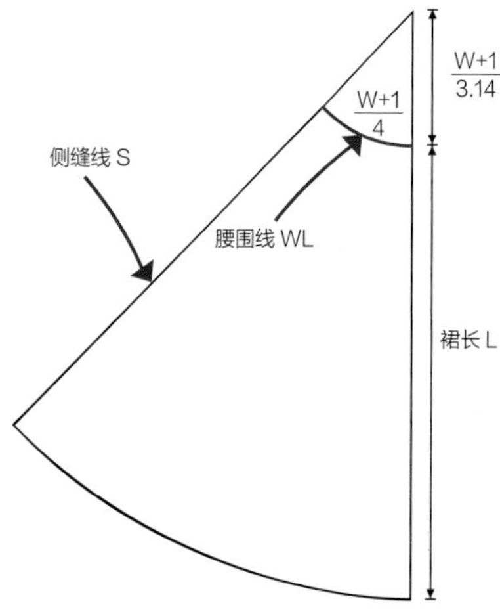

4 根据图示中的公式，依据腰围尺寸，画一条弧线，作为腰围线（红色弧线）。

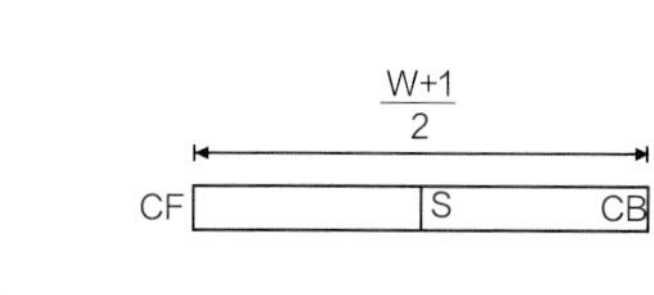

5 绘制腰带。依据腰围尺寸，根据图示中的公式计算，以得出的数据为长边、3cm 为宽边，画一个长方形。

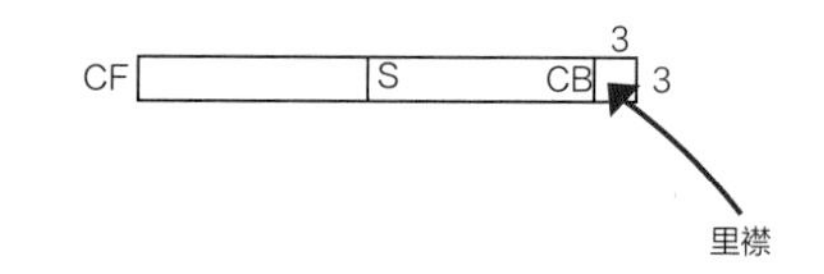

6 绘制腰带里襟。在后中心线处向外延长 3cm，作为里襟的宽度。

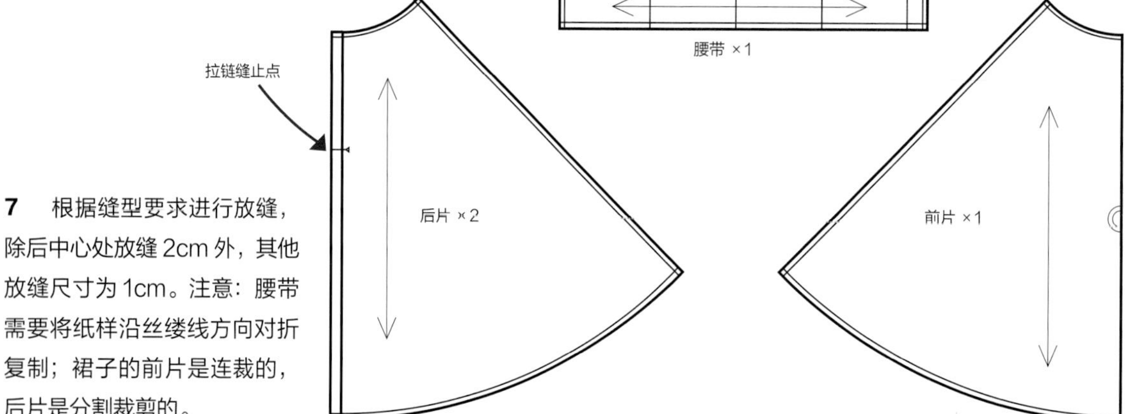

7 根据缝型要求进行放缝，除后中心处放缝 2cm 外，其他放缝尺寸为 1cm。注意：腰带需要将纸样沿丝缕线方向对折复制；裙子的前片是连裁的，后片是分割裁剪的。

排料图

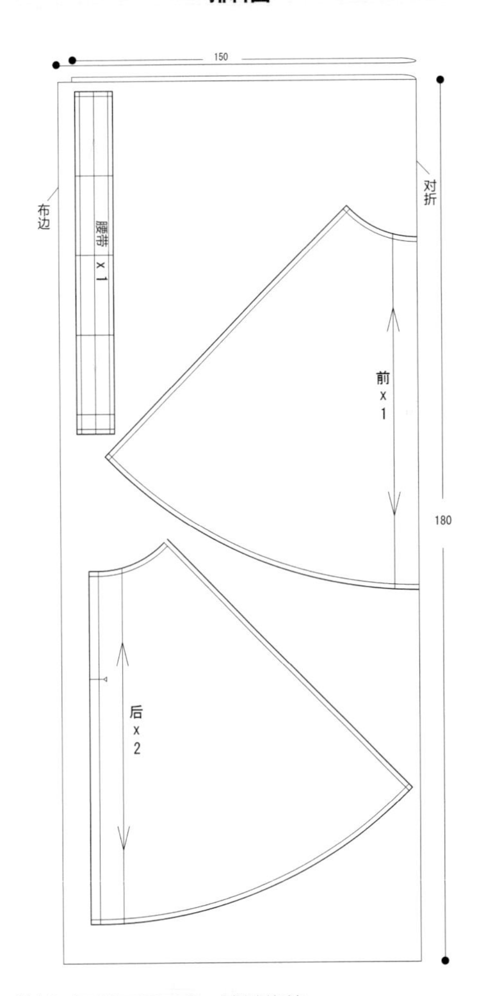

排料时面料正面对合，铺料裁剪。

缝制步骤

缝制前准备：腰带烫无纺衬（或腰衬），裙片侧缝后中正面朝上拷边。

1 后裙片正面对合，缝合后中，并缝装隐形拉链。

2 前、后裙片正面对合，缝合侧缝并分缝熨烫。

3 下摆三折卷边缝。

4 缝装腰带。

5 手缝裙钩。

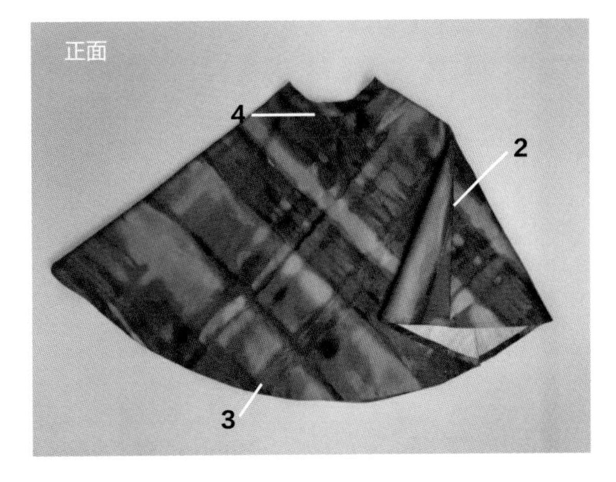

工艺技巧 Sewing Technics

手缝基础工艺

在缝制过程中，总有一些细节需要手工缝合来完善，尤其对于小型玩偶和娃衣等手工类的小物品来说，手缝的效果会更好。本节将重点介绍一些关键的、必要的手缝技巧和要点。

· 穿线

1 准备针和线。

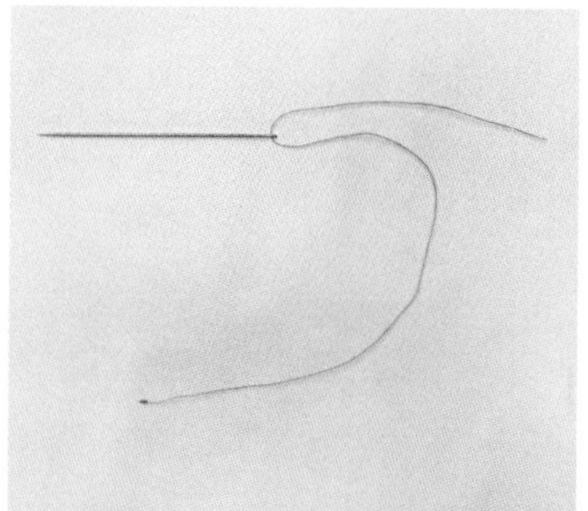

2 单股线：1 股线穿针，单线打结。

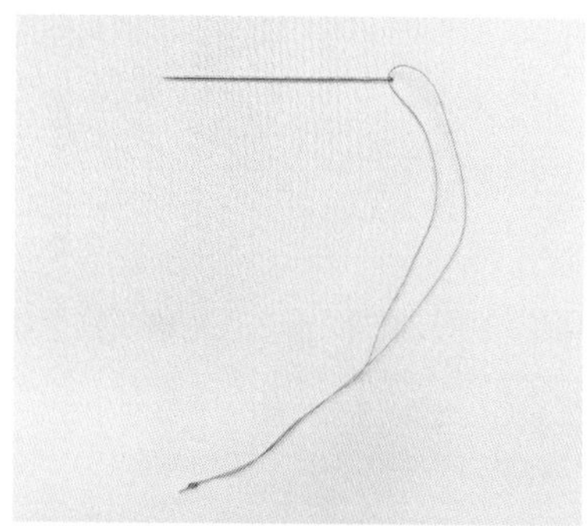

3 双股线：1 股线穿针，对折打结。

· 打线结

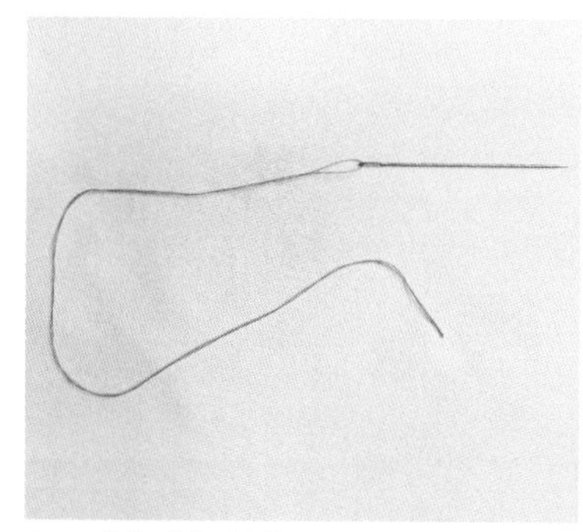

1 准备穿好的单股线。

2 将线尾放在左手食指上。

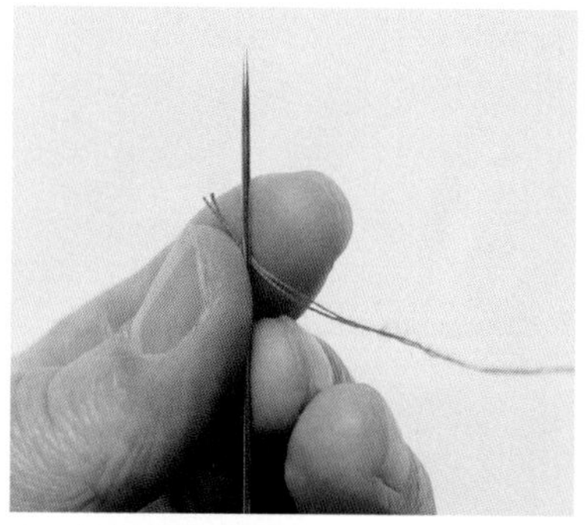

3 将针放在线上。

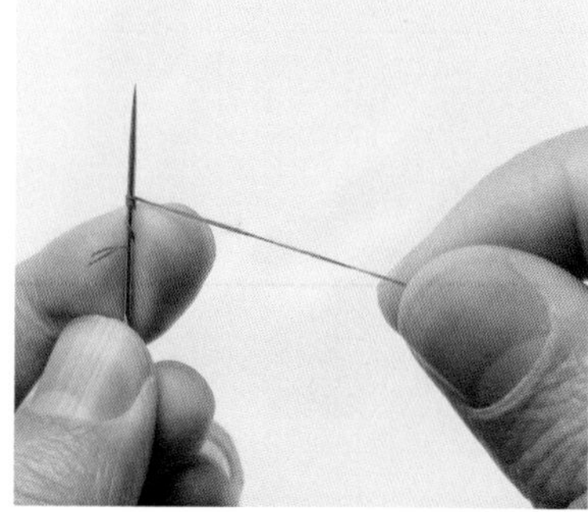

4 左手按住针和线，右手在针上绕 3 圈。

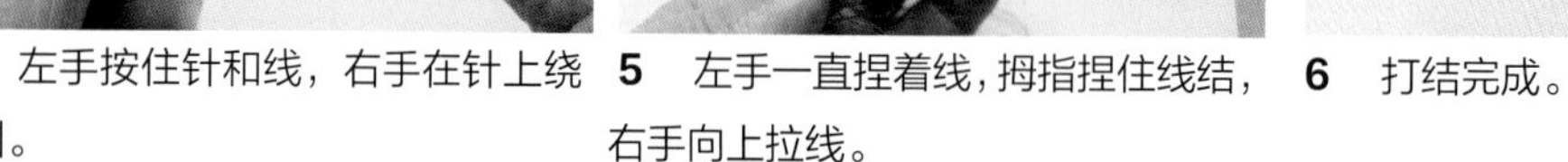

5 左手一直捏着线，拇指捏住线结，右手向上拉线。

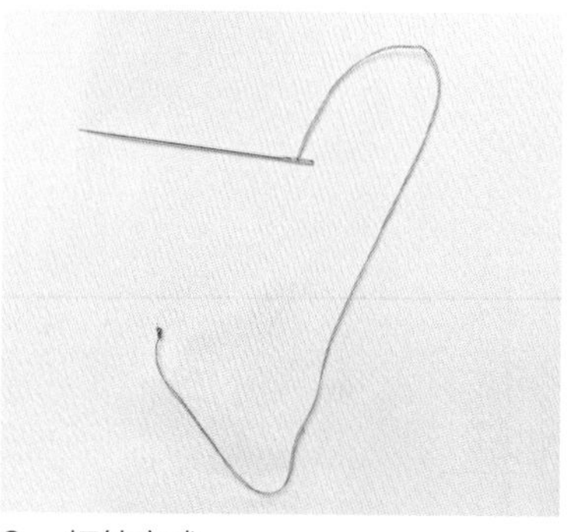

6 打结完成。

· 缝合方式

平缝：一种基础手缝技术，常用于简单拼接或制作褶边、缩口等。它的特点是针迹均匀且间隔一致，操作简单。

平缝效果如下：

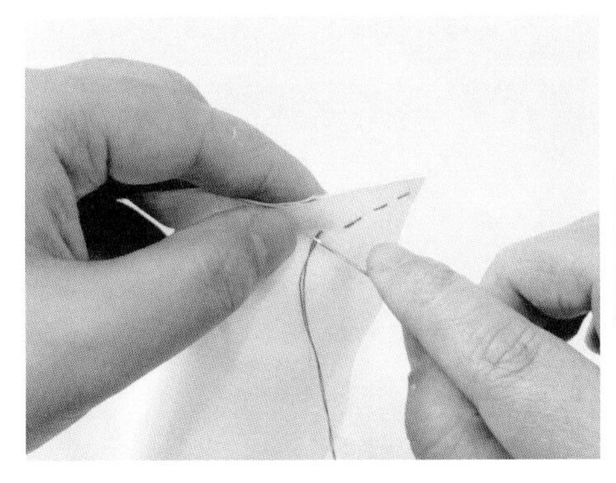
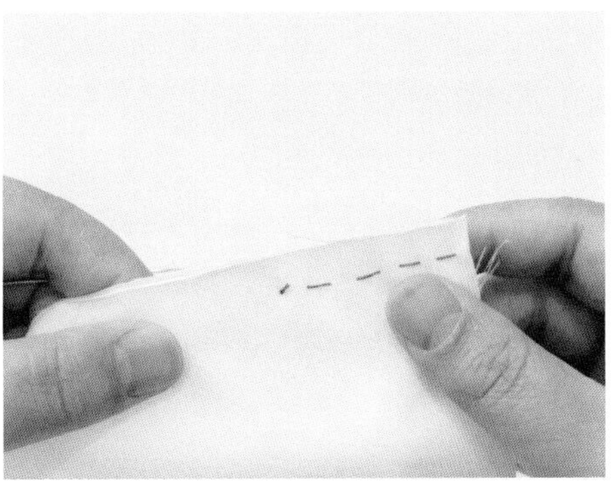

回针缝：一种非常牢固的缝合方法。它通过在布料上缝制来回重复的针脚来增强缝合的强度。这种方法类似于机器缝合，适用于需要特别牢固的地方，比如缝合拉链、裤裆、包包。

回针缝效果如下：

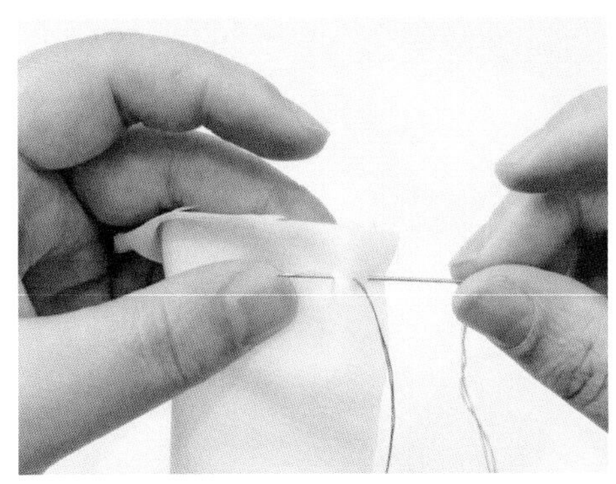
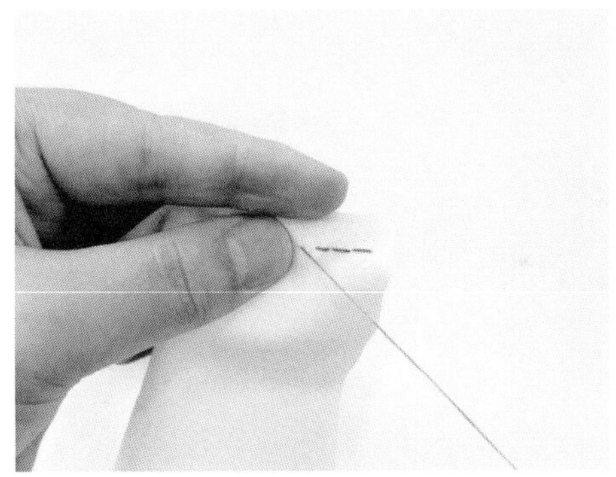

藏针缝：一种能够巧妙隐藏线迹的缝合技术，常用于包袋、玩偶等的返口处。这种缝法的特点是，从正面几乎看不到缝合的线迹，完成的服装或工艺品的外观整洁美观。

藏针缝效果如下：

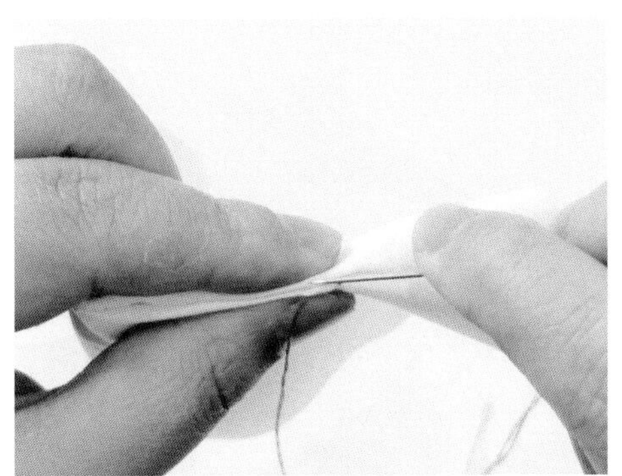
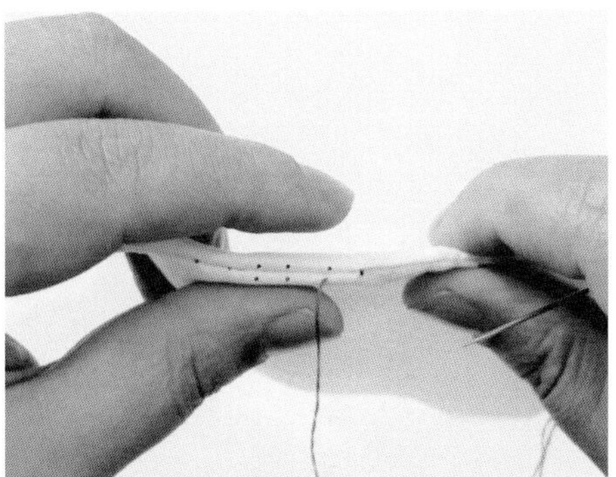

机缝基础工艺

· 了解缝纫机

缝纫机是一种用于缝纫的机器，它能够将布料或其他材料通过缝线连接起来。缝纫机的发明极大地提高了缝纫工作的效率和质量。缝纫机的线迹平整，速度可调节，是一种事半功倍的缝纫设备。缝纫机有多种类型，包括家用脚踏缝纫机、家用电动缝纫机、工业平缝机等。其中，家用电动平缝机还具有调节速度、锁扣眼等功能，另有很多花型和线迹可供选择。家用缝纫机通常体积较小，不带桌板，是一个可以手提的轻型设备，功能相对简单，适合家庭使用；工业缝纫机自带桌板，为金属打造，更加结实耐用，更适用于批量生产。

本节展示的是一台家用电动缝纫机。不同品牌和型号的缝纫机，外观不同，按键会略有差异，但总体结构和部位名称接近。一旦购买了缝纫机，通常会使用很久，有必要先了解缝纫机的基本信息。

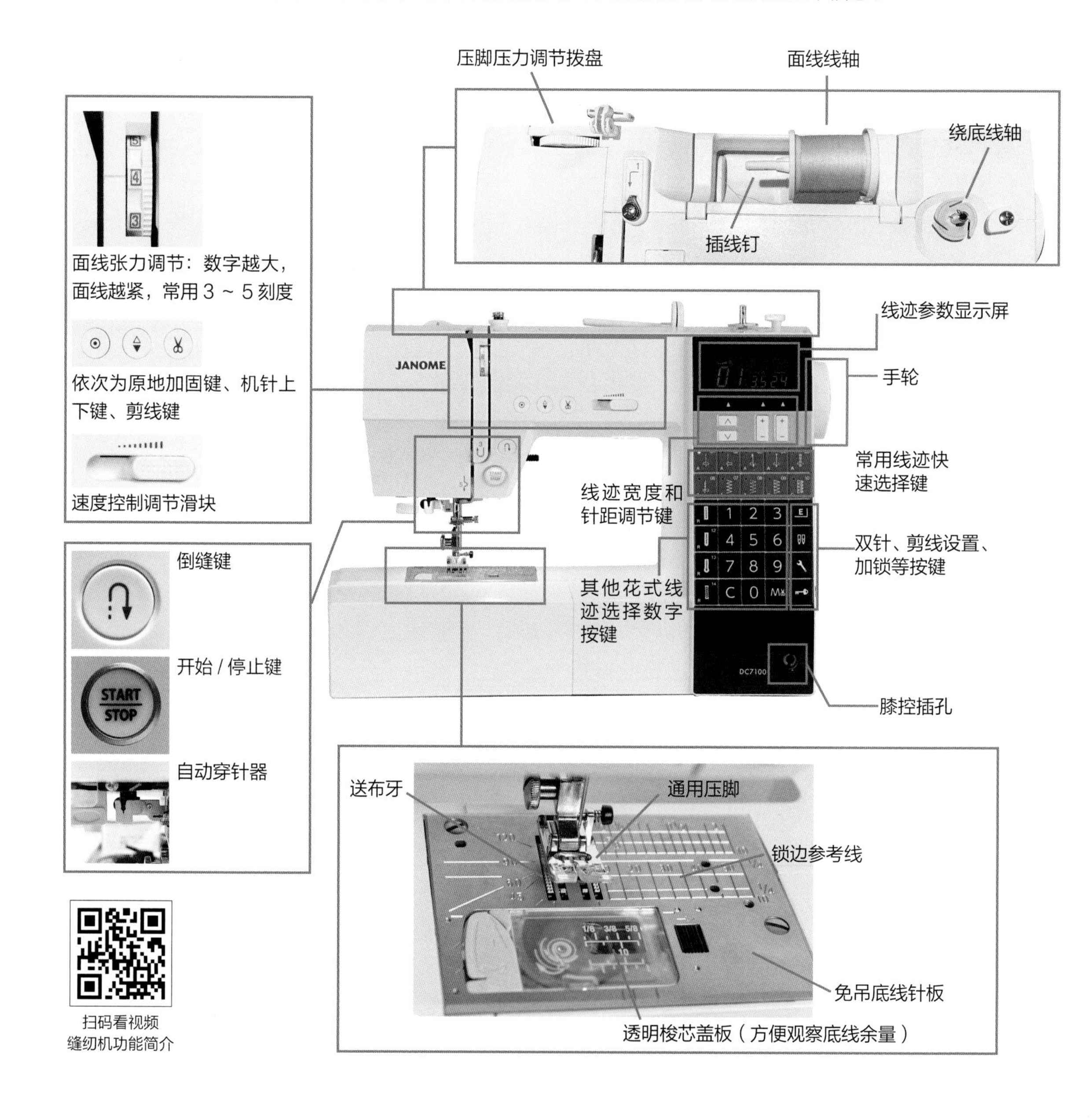

扫码看视频
缝纫机功能简介

· 缝纫机的线迹

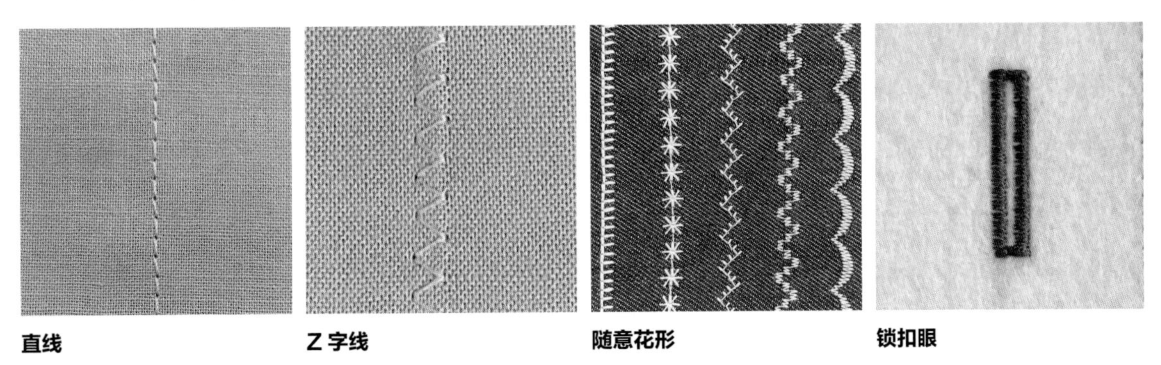

直线　Z 字线　随意花形　锁扣眼

· 调节缝线的张力

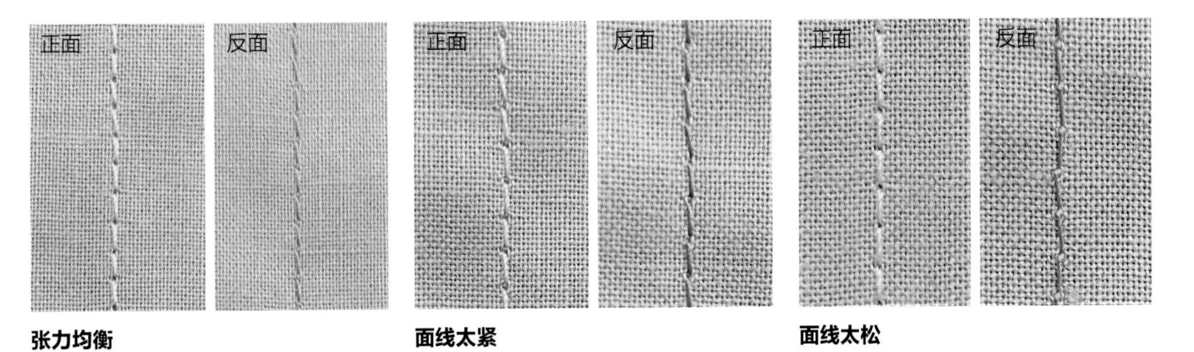

张力均衡　面线太紧　面线太松

· 不同的针距及其外观效果

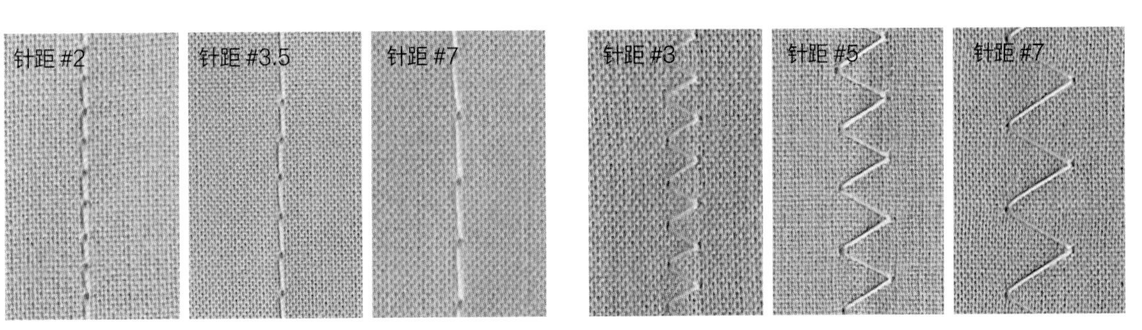

直线　Z 字线

机缝线迹练习

· 直线与曲线的缝纫练习

在缝纫机的实际使用过程中，直线和曲线的车缝是最为常见的。新手刚入门时，往往会有一些关于车缝的小困扰。为什么车缝线迹总是歪歪扭扭的？缝纫机机针戳到手怎么办？曲线缝纫太不好控制了？下面介绍一些提升新手直线和曲线的车缝小技巧：

①刚开始车缝直线时，不妨先尝试在布片上用热消笔或水消笔画出自己要车缝的线迹，沿着画出的线迹，用最慢的缝纫机车缝速度进行缝纫，直到可以熟练地车缝出和画出的痕迹完全重合的线迹。

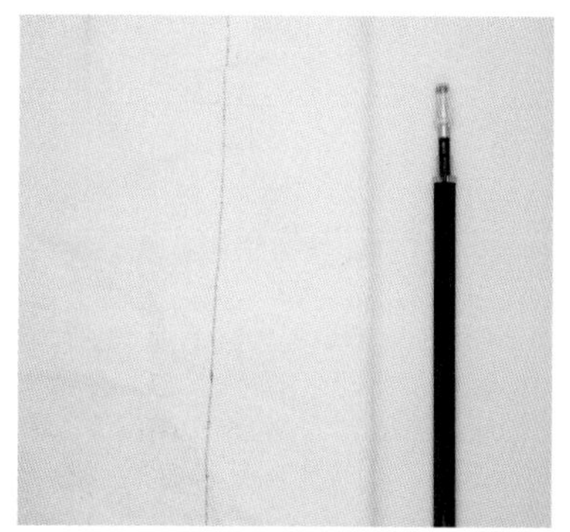
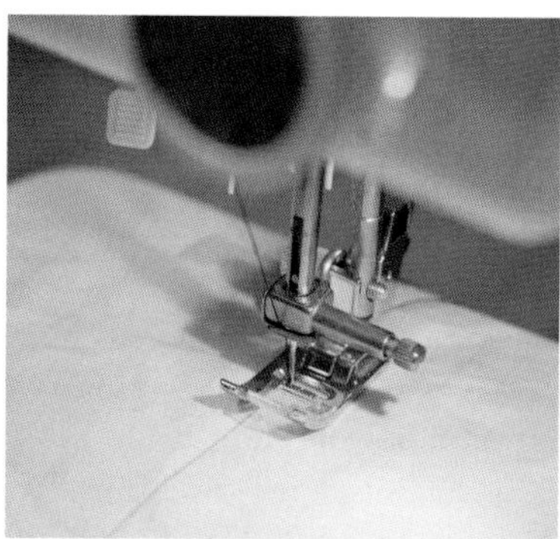

②可以使用定规辅助进行直线的缝纫。定规带有磁铁，可以吸在针板上，使布边到机针的距离在车缝过程中始终保持一致（注意：定规不适用于比较轻薄的布料）。

③在车缝直线时，注意眼睛不需要一直看机针，一来机针移动速度很快，长时间盯着易造成视觉疲劳，二来看着机针并不能起到辅助车缝直线的作用。目光应落在布边和压脚的相交位置或布边和针板刻度的对齐处，万一布片的位置略有偏移，用手及时调整，即可保持车缝出的直线笔直。

扫码看视频教程
直线车缝

④曲线缝纫是新手入门的一大难点，这里为大家带来一个“龙卷风”练习，帮助大家练习曲线车缝。“龙卷风”练习（可扫码获取图纸）就是通过车缝一个螺旋状的龙卷风图案，来提升对于缝纫机的控制。新手可以先尝试在纸片上进行练习，然后再进阶到用线在布片上进行车缝。

扫码看视频教程
曲线车缝

扫码获取图纸
“龙卷风”练习

· 几种常见的接缝方式

平缝：最常见的缝纫方式，缝份可倒向两侧或其中一侧。

具体操作：①先对布边进行锁边处理；②将布片正面相对，反面朝外；③距离布边 1cm 处车缝直线。

平缝效果如下：

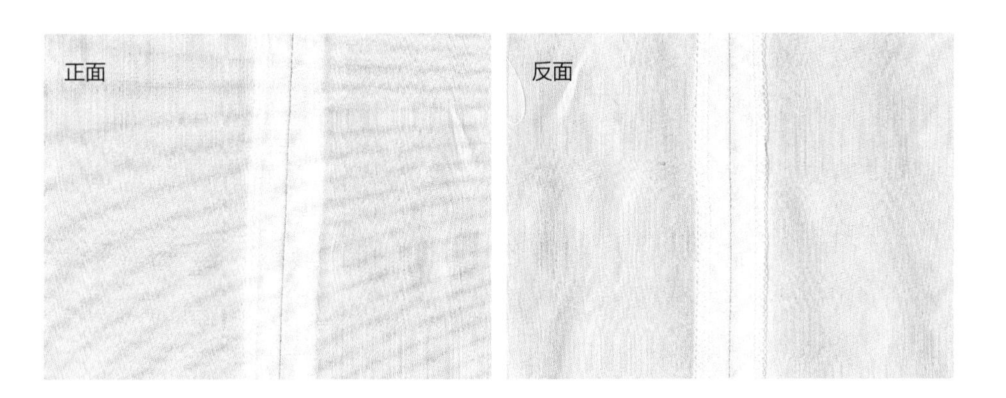

扫码看视频教程
平缝

来去缝（也叫法式缝）：通过两次车缝可以完全隐藏毛边，适合家中没有锁边机的缝纫爱好者。

具体操作：①将布片反面相对，正面朝外，距离布边 1cm 处车缝；②将缝份修剪掉 1/3 或者 1/3 多一点；③将布片翻至正面相对，可对缝份处进行熨烫或用指甲抠一下边缘，使之整齐；④在距离边缘 0.8~1cm 处车缝直线。

来去缝效果如下：

扫码看视频教程
来去缝

明包缝：非常耐用的接缝方式，常用于牛仔裤裆部和男士衬衫。

具体操作：①将布片正面相对，反面朝外，2 片布片错开 0.8cm（底下的布片比上面的超出 0.8cm，布边朝右）；②距离上面的布片边缘 0.8cm 处车缝；③将底下的布片向上翻折 0.8cm，把上面的布片包住；④将下面布料包住上面布料的 3 层结构往左翻；⑤在距离这个 3 层结构左侧边缘 0.1~0.2cm 处车缝一条直线。

明包缝效果如下：

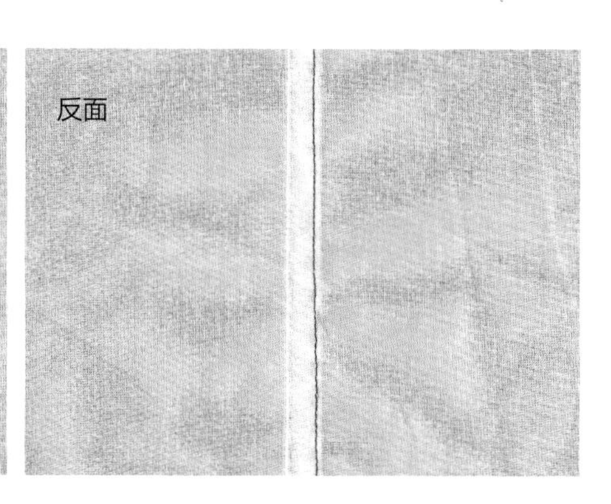

扫码看视频教程
明包缝

搭接缝：将两层布片重叠进行车缝接缝，效果平整。这种方法适用于不起毛边的布料，如网纱等。

具体操作：①在两块布料正面距离布边 1cm 的位置上，用热消笔或水消笔画上一条直线；②将布料正面朝上，将之前画的辅助线重叠在一起，然后用珠针固定；③在辅助线处车缝一条线。

搭接缝效果如下：

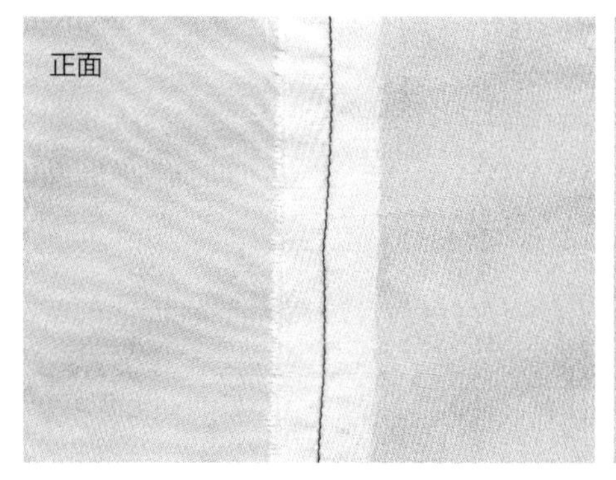

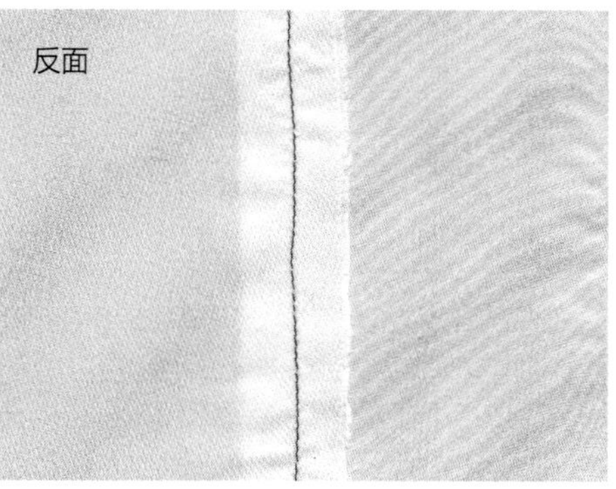

扫码看视频教程
搭接缝

· 几种常见的布边处理方式

折边缝：最常见的折边方式，通常需要先对毛边进行锁边操作。

具体操作：①先对要做处理的布边进行锁边处理；②将布边朝反面折 1cm；③在折叠部分上，距离边缘 0.8cm 处车缝一条直线。

折边缝效果如下：

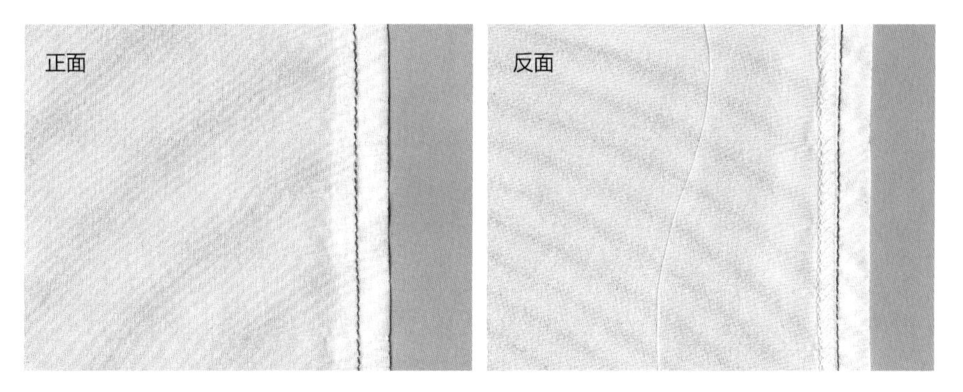

扫码看视频教程
折边缝

卷边缝：将毛边向反面折叠两次进行缝纫，可以不对毛边进行锁边。

具体操作：①将布边朝反面折 1cm（注意，如果是对弧形下摆进行卷边处理时，折叠的宽度缩小为 0.5cm）；②将布边再朝反面折 1cm；③在折叠部分上，距离边缘 0.8cm 处车缝一条直线。

卷边缝效果如下：

扫码看视频教程
卷边缝

包边：需要按 45° 斜裁一条包边条，将毛边包入其中进行缝制，也非常常见。

具体操作：①沿着布边 45° 斜裁一条宽度为 4cm 的包边条；②将包边条左右两边朝反面各折 1cm，再将包边条对折并熨烫；③将包边条打开，把包边条的正面和要包边的布料的正面相对，并将边缘对齐，在距离边缘 1cm 处车缝；④按熨烫的痕迹，用包边条把毛边包住，在距离边缘 0.8cm 处车缝。

包边效果如下：

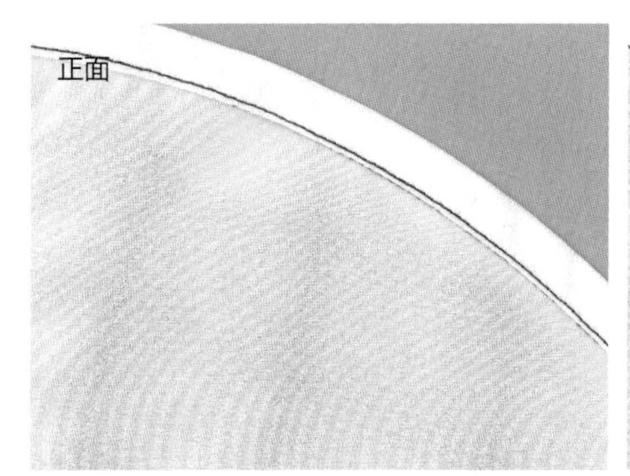

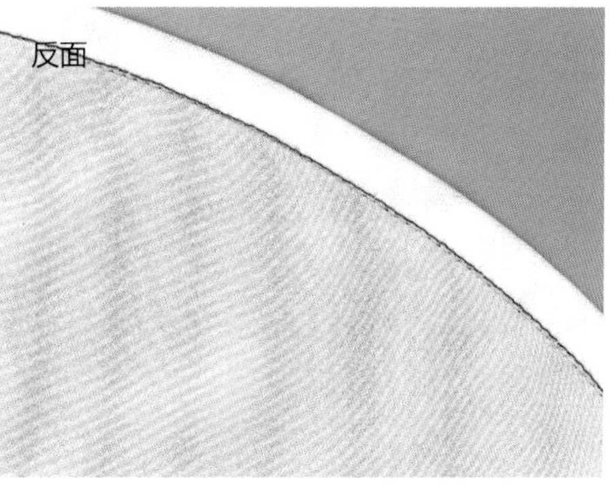

扫码看视频教程
包边

褶裥工艺

抽褶：用较宽的线迹车缝直线后，用手拉动其中一根线，使布料缩起形成褶皱。

具体操作：①在距离布边 1cm 处，用 5mm 针距车缝一条直线，开头和结尾都不用倒针加固，头尾线头也不剪；②在距离布边 1.2cm 处，用 5mm 针距再车缝一条直线，和前面的缝线平行；③用手抽其中的一根线（另一根线为备用线，以防其中一根线在抽缩过程中断掉），使布料形成褶皱，并确保褶皱距离均匀。

抽褶效果如下：

扫码看视频教程
抽褶

嵌线褶：适合用于厚布料，将一根细绳固定在布料上，然后通过抽绳来形成褶皱。

具体操作：①准备一条比布边宽 5~6cm 的细绳；②用 Z 字线迹把细绳固定在距离布边 1.5cm 处（注意，Z 字线迹不能车到细绳上，落针应在细绳的左右两侧）；③用手抽细绳，使布料形成褶皱，并确保褶皱距离均匀。

嵌线褶效果如下：

扫码看视频教程
嵌线褶

缩褶：使用松紧带和布料进行车缝形成褶皱，常用于衣服袖口。

具体操作：①把松紧带的一头用珠针固定在布料上；②把松紧带和布料车缝在一起，注意车缝的时候，松紧带要保持拉直的状态；③车缝完毕，松紧带回弹，自动形成褶皱。

缩褶效果如下：

扫码看视频教程
缩褶

塔克褶：常见的服装装饰，可通过调节间距和宽窄形成不同的效果。

具体操作：①在要做塔克褶的布料上画出褶皱的位置，保证画的直线是相互平行的；②在布边正面，按照步骤①画出的直线，折出一个褶；③在距离这个褶边缘 0.1~0.5cm 处车缝一条直线（宽度越小，做出的塔克褶越精致）；④将缝好的褶倒向一边，并熨烫；⑤按照上述步骤把其他的褶也处理好。

塔克褶效果如下：

扫码看视频教程
塔克褶

实战案例 Workmanship

时尚小物

大肠发圈

作者：Sully

面料 65cm × 12cm 一片

橡筋一根

1 准备所需的面料和橡筋，按既定尺寸裁剪好。

2 将面料的正面相对，对折。

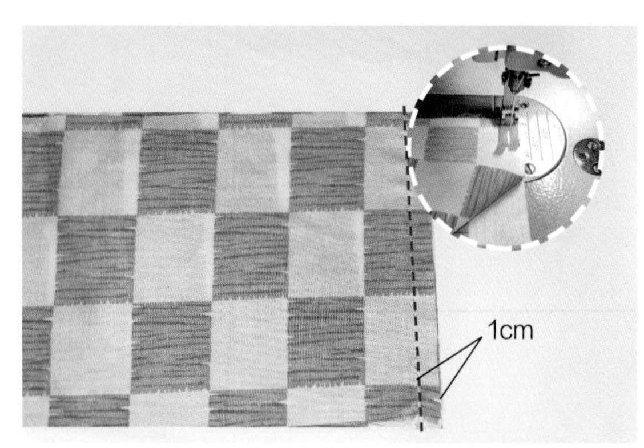

3 对折后将面料的短边一端（见图中虚线标注）缝合，形成筒状，缝份 1cm。

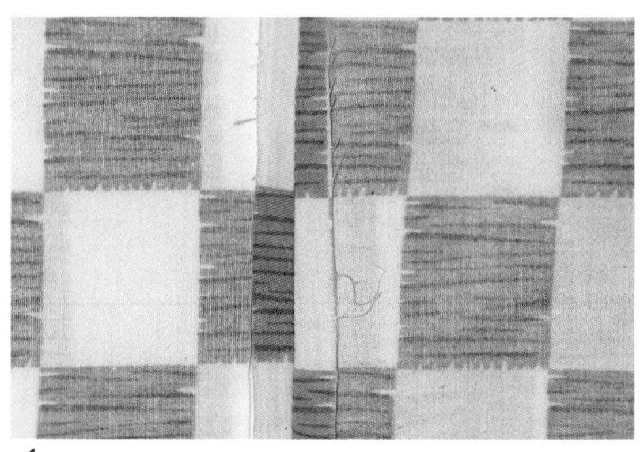

4 缝合后，将缝份倒向两边，分开熨烫平整。

5 缝合后的长方形呈筒状，反面相对，将缝份对齐，折叠。

6 如图所示，将橡筋打结，夹在对折缝中。

7 将布料两端折边对齐尖角，用夹子固定。只缝合外面两侧布片，不要缝到里面两侧，确保橡皮筋留在布筒内。

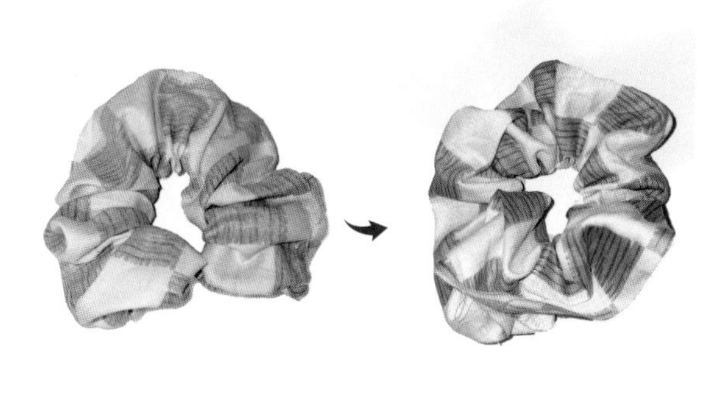

8 将缝合后的发圈从返口翻到正面。

9 用藏针缝的针法缝合返口，可借助夹子固定。

10 发圈制作完成的效果。

作者：做书的哈哈

爱心挂件

面料 8cm × 18cm 一片

缎带、毛线或麻绳 30cm 一段

填充棉 10g、花边剪

☆这是纸样中圆爱心的参考用量，也可以根据喜好缩放纸样，可根据实际需要缩放。

☆若没有花边剪，可用锁边液处理布边。

扫码获取纸样
爱心挂件

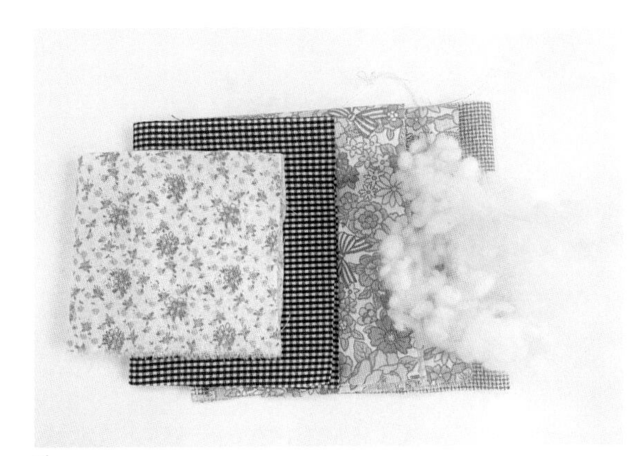

1 准备所需的面料和辅料，用小块零料即可。两面可以用不同的面料，也可以用废弃的旧衣服面料制作。

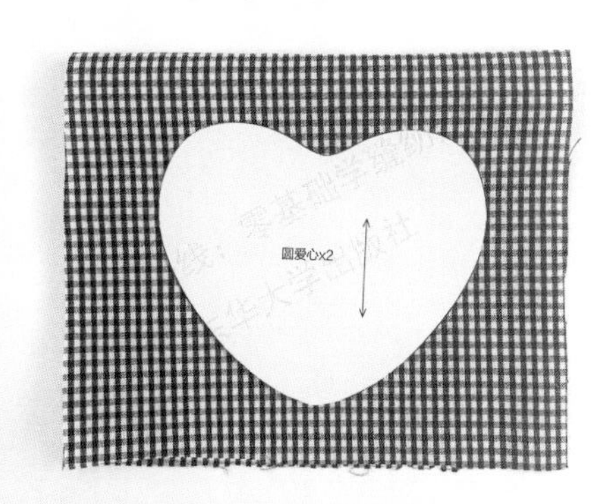

2 将面料（反面对反面）对折，剪下纸样，对齐丝缕方向，沿着纸样中的净样线在布上画出轮廓。

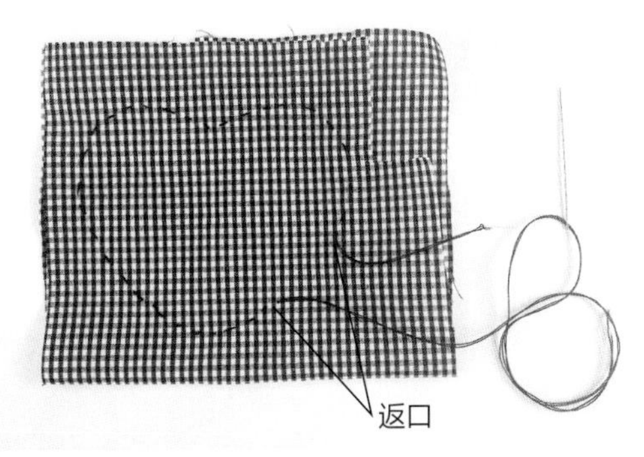

3 将手针穿线，沿着爱心轮廓线，以平针或回针方式缝合，在平滑的弧线处留下一小段返口不缝。

4 自开口处塞入填充棉，然后缝合返口。也可以多缝一圈以便缝线更牢固。

5 缝好后，用花边剪修剪缝份，将多余的面料剪掉。

6 在爱心顶端凹陷处缝（或者用胶水粘住）一个挂绳和蝴蝶结作为装饰，爱心挂件就完成了。

作者：做书的哈哈

小猫胸针

小猫面料 9cm × 16cm 一片

填充棉 10g

手缝线、绣花线适量

别针一枚

锁边液、胶水、气消笔

扫码获取纸样
小猫胸针

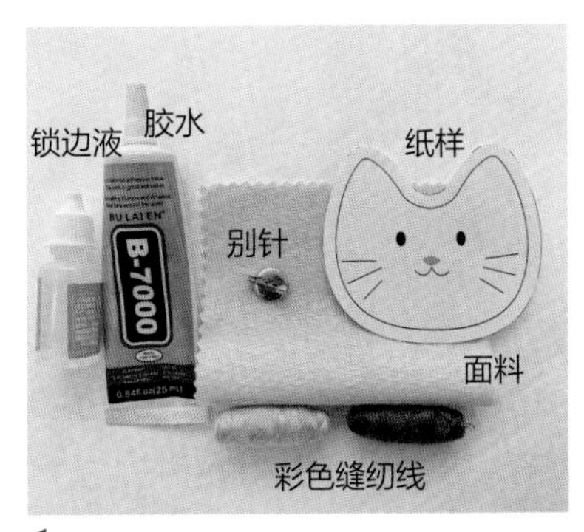

1　准备所需的面料，熨烫平整备用。另外还需要用到锁边液、胶水、别针、彩色缝纫线等工具。

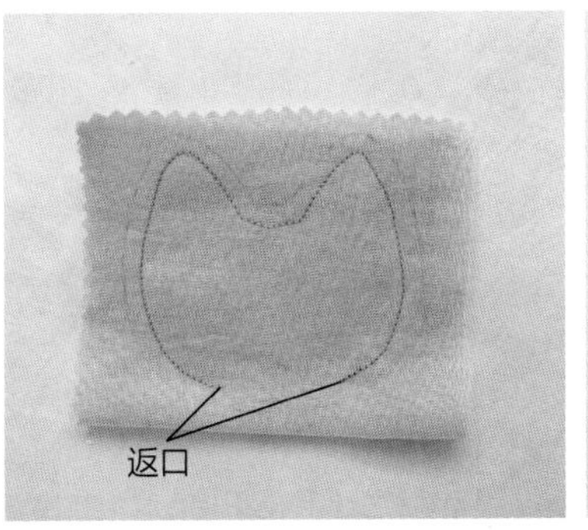

2　将纸样沿着净样剪下来，用气消笔在面料反面沿着纸样轮廓描画。然后缝一圈，留出返口。

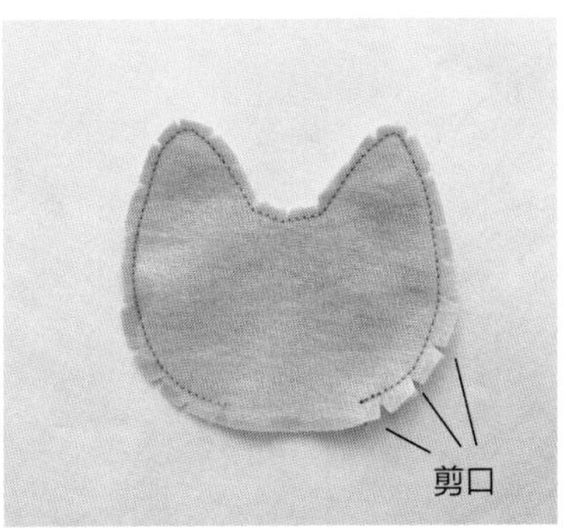

3　缝好后，在弧线处打剪口，然后修剪布边。之后，滴一圈锁边液。

☆猫耳朵处缝份可以留得少一些，以便翻面后露出尖角。

4　从返口处将正面翻出，然后塞入填充棉。

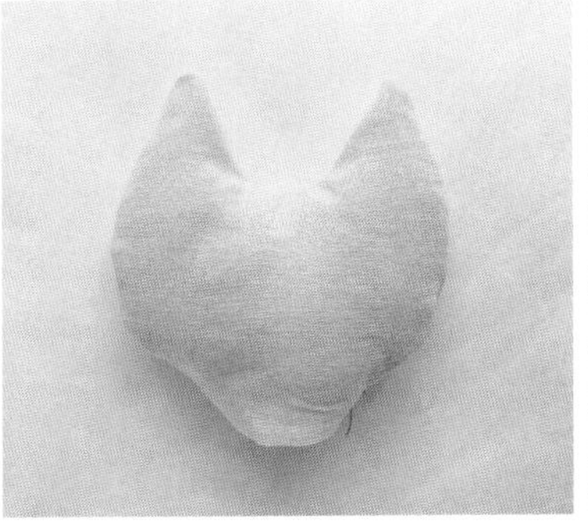

5　如图所示，填好填充棉后用藏针法缝合返口（藏针缝见 P45）。

6　缝好后，根据自己的喜好，在猫脸上用气消笔标记五官等位置。

7　用彩色缝纫线刺绣五官和胡须。也可以根据自己喜好增加装饰和线迹等。

8　如图所示，线头留在反面中心处。

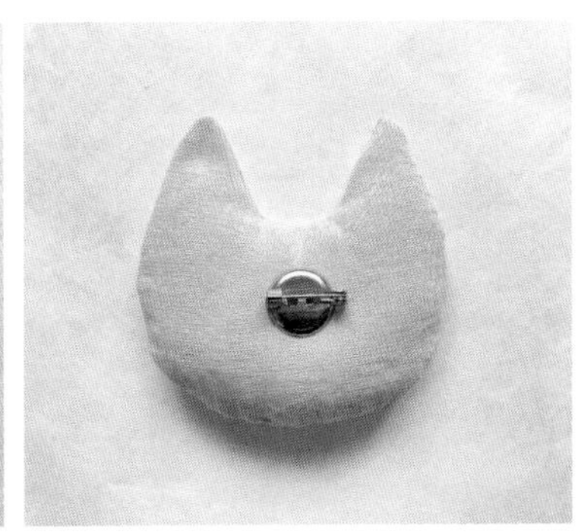

9　用胶水将别针的底托固定在反面中心处，覆盖住之前的线头。

作者：野路子小裁缝

束口袋单肩包

面料、里布 36cm × 41cm 各一片

肩带 8cm × 60cm 两片

棉绳 110cm 两根

1 准备所需的面料和里布，按既定尺寸裁剪好。

2 将肩带三折并熨烫，然后在其两边距边缘 0.2cm 处压车明线固定。

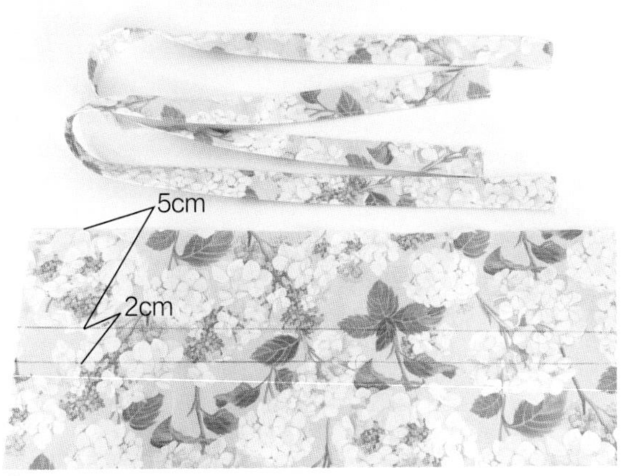

3 距离包口 5cm 处用热消笔画线标记，两条线间隔 2cm，作为孔道。

4 车缝左右两边，两端孔道打 × 位置不缝合。

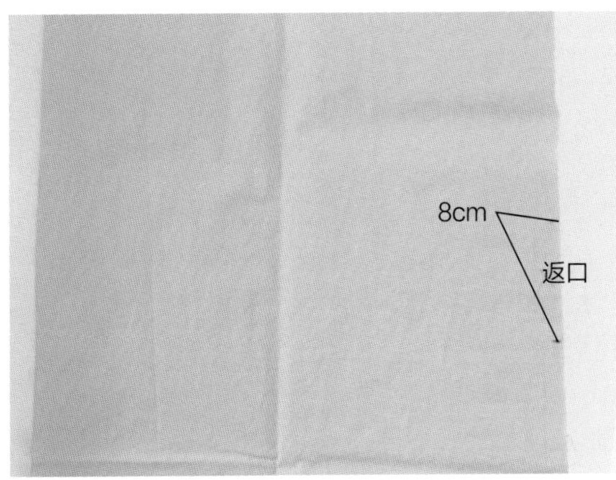

5 缝合里布两侧，其中一边留 8cm 返口不缝合。

6 如图所示，将两根肩带间隔 12cm 居中放置，用夹子固定后车缝（两边同样操作）。

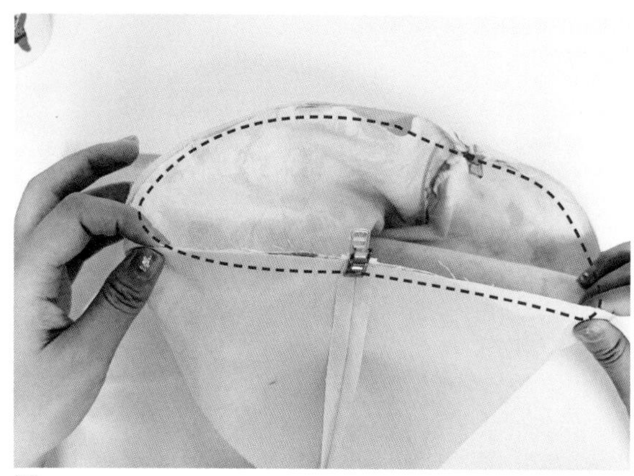

7 将包包两层正面对正面套在一起，按图中线迹车缝 1cm 缝份。

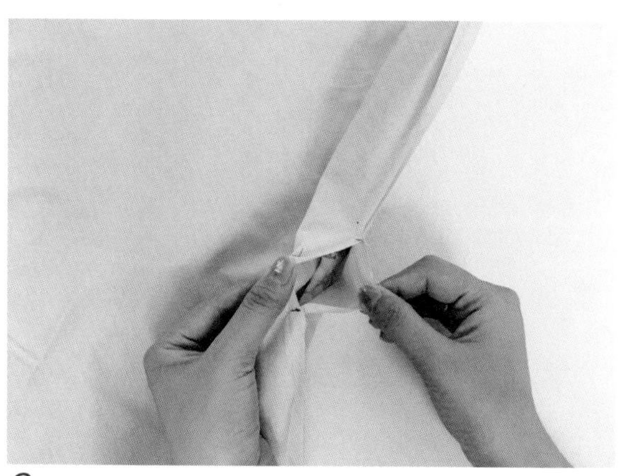

8 从返口位置将包包翻到正面。

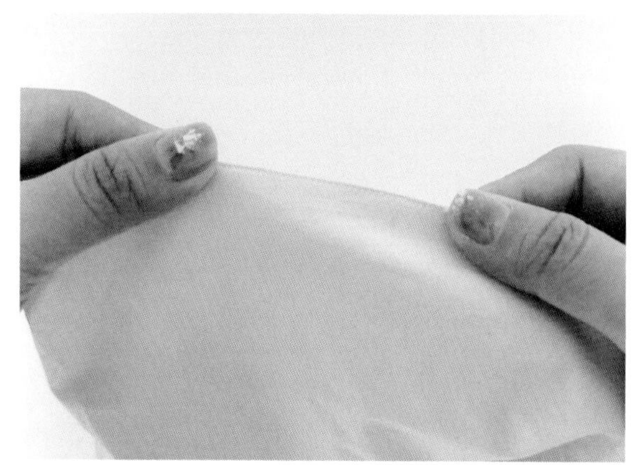

9 在返口位置车缝固定。

10 包口整理后压 0.5cm 明线，按虚线车缝，将两层固定。

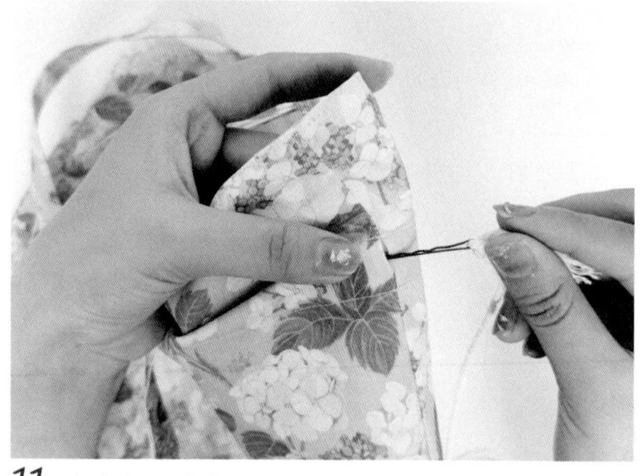

11 在穿绳器或者小黑夹尾部绑上棉绳，从其中一头的孔道位穿入一圈后同一端再穿出，另一根绳子也用同样的方式处理。

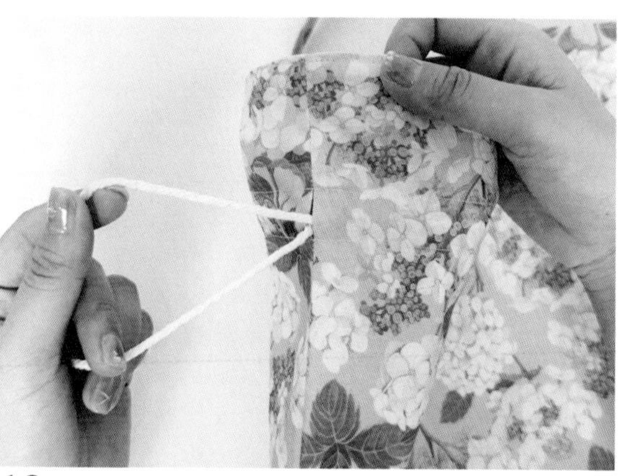

12 调整束口位置，在侧边绑好棉绳即可。

成品照片

e sac
n papier
e sac est fabriqué
partir de papier végétal.
00 % naturel.
ouble épaisseur 180g/m²:
raft blanc doublé
e kraft brun
ontenance : 33 litres.
00 % Ecographik.
e le jetez pas.
l peut servir plusieurs fois.

fois.

作者：野路子小裁缝

拉链小包

面布、里布 15.5cm × 28cm 各一片

码装 3 号 13cm 尼龙拉链一条

拉链包尾布 3cm × 4cm 两片

蕾丝花边 15.5cm 一根

1 准备所需的面布、里布和辅料，按既定尺寸裁剪，备用。

2 将花边和布标按对应位置车缝在面布上。

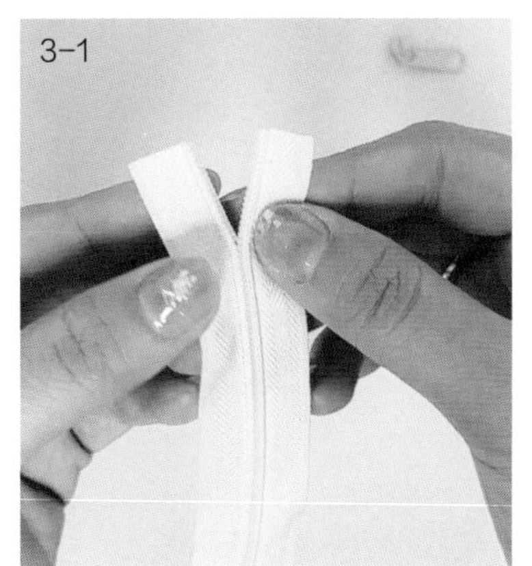

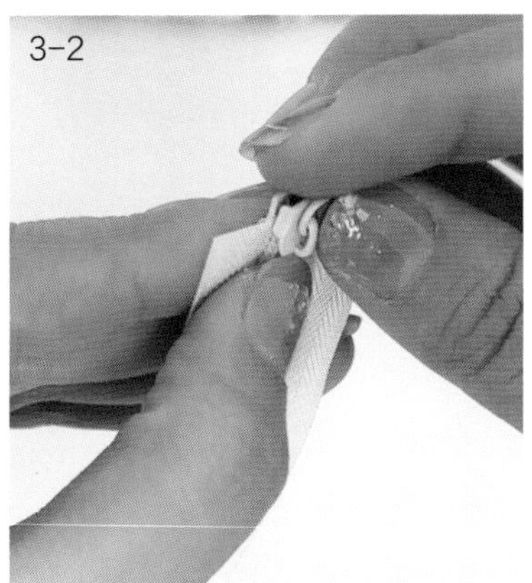

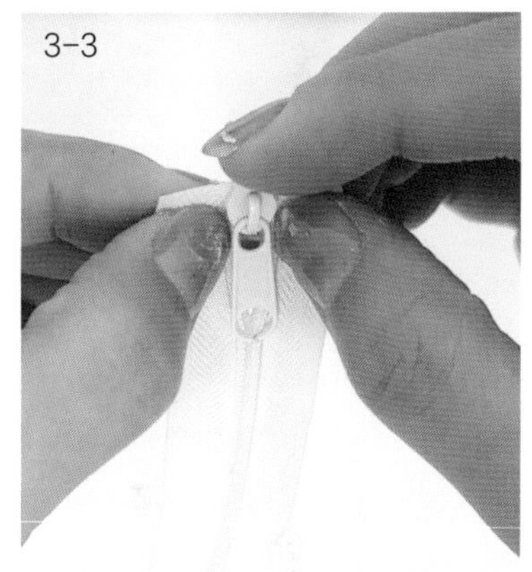

3 将拉链一端打开一段，拉链头的尖头朝下穿入拉链头。

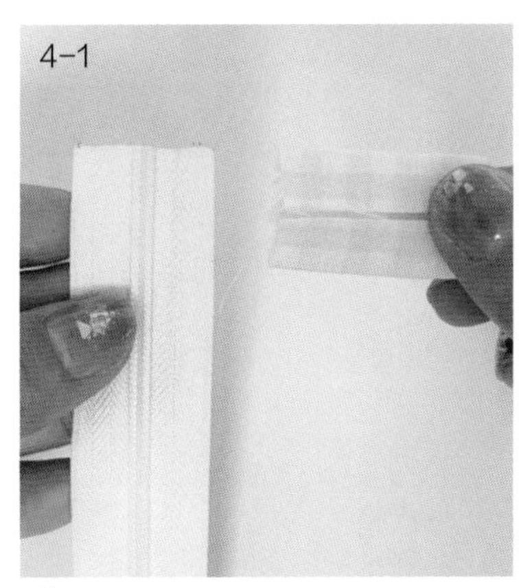

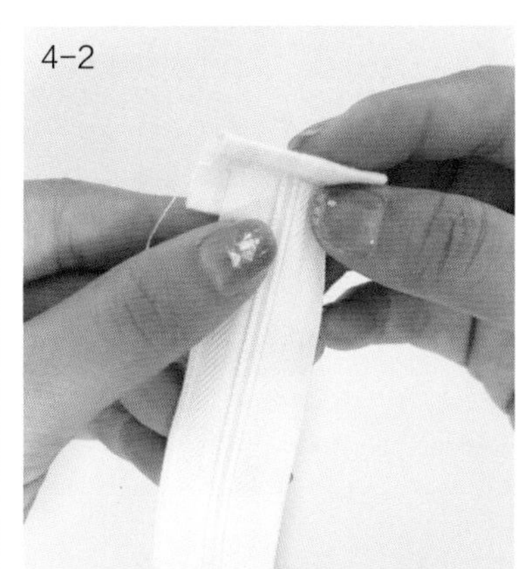

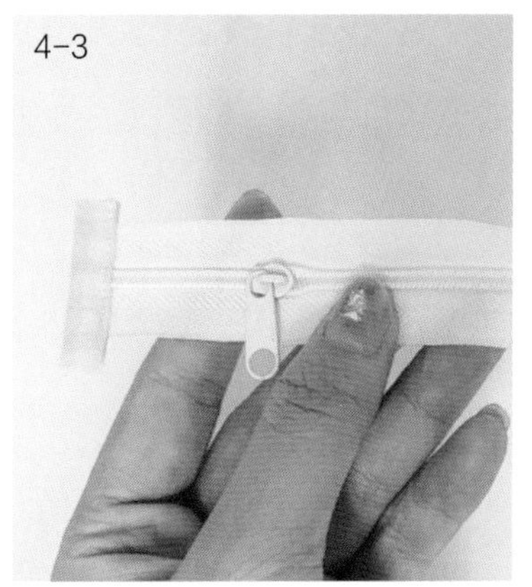

4 将 3cm × 4cm 的包尾布折三折后熨烫，包住拉链末端，车缝固定。拉链的两端用同样的操作方式处理，缝好以后修剪掉包尾布多出来的部分。

5 将面布其中一端与拉链、里布缝合。缝合顺序：面布正面朝上，拉链正面朝下，里布正面朝下。三者在中间点处对齐，用夹子辅助固定，缝纫机车缝（如图 5-2 所示）。图 5-3 为拉链缝合完成后的样子。

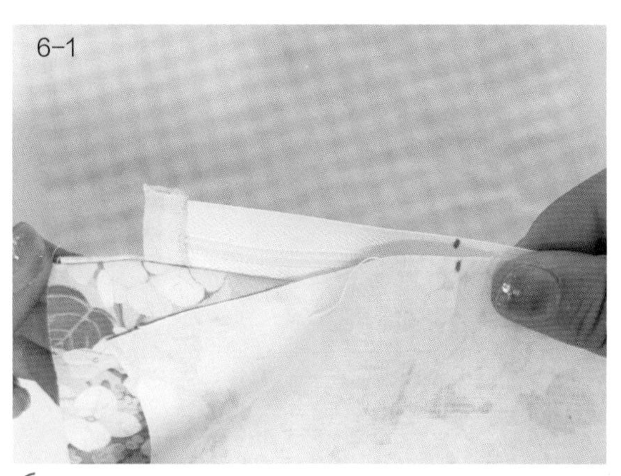

6-2

6 面布另一端用同样的顺序夹住拉链车缝。

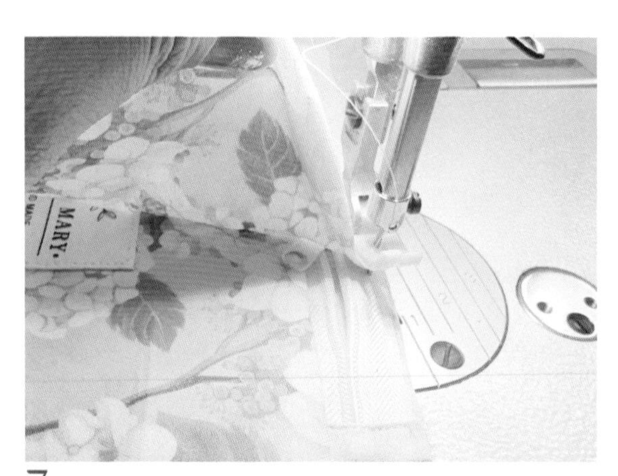

7 车缝拉链过程中，可中途将拉链来回拉动以方便车缝（拉动拉链时，机针要扎入针板下方，抬起压脚即可拉动拉链）。

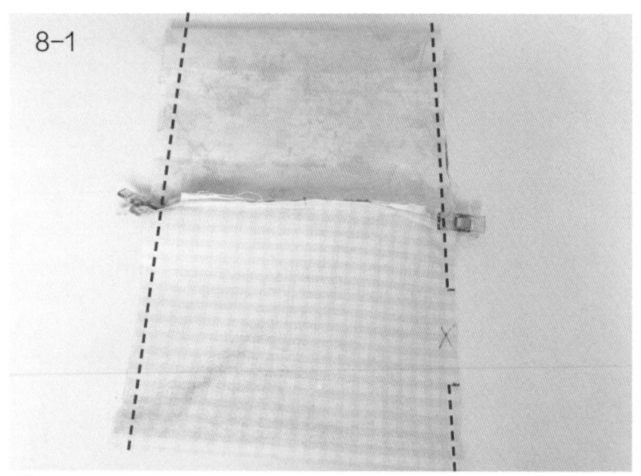

8 两端缝好以后，将里布左右分开，中间缝份处如图劈开对齐夹子固定，里布处如图 8-1 所示，留 5cm 返口不缝合，按虚线示意缝合固定。

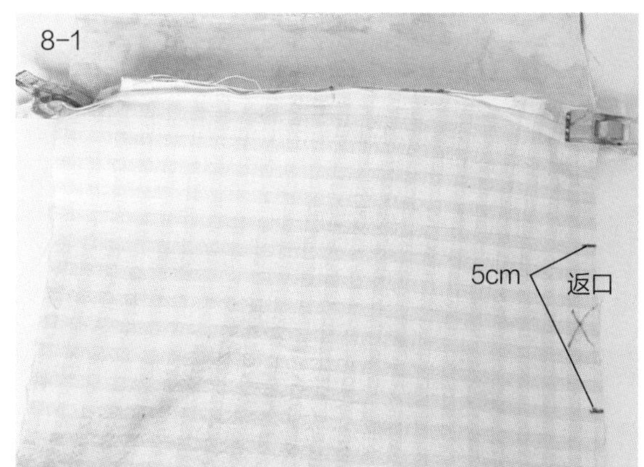

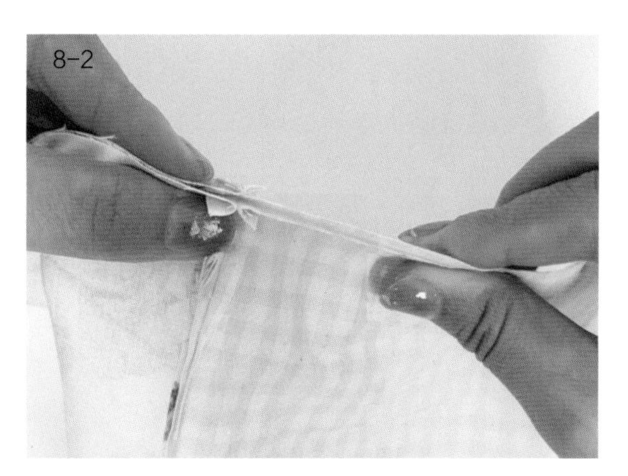

☆*图 8 局部：留出返口不要缝。*

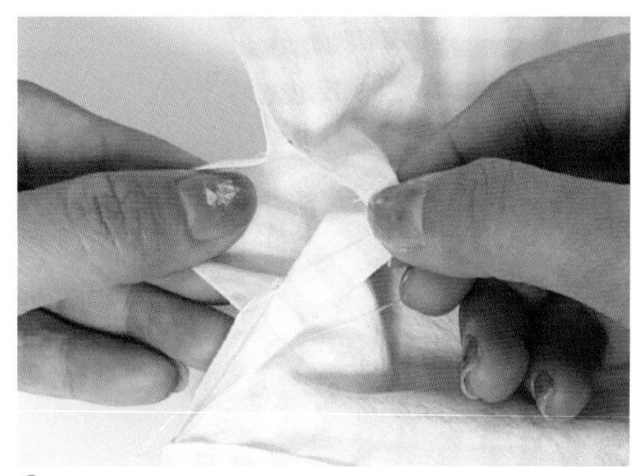

9 修剪四角及缝份，从返口位置把包翻至正面。

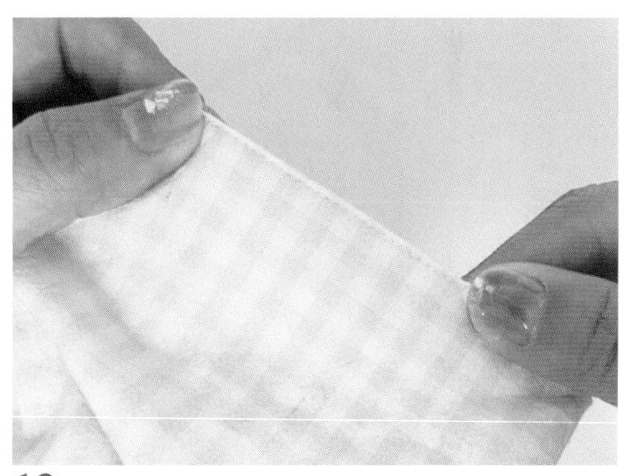

10 整理检查无误后，缝合返口处。

11 整理边角，整理熨烫，拉链包就完成了。

☆*可根据自己的需求和喜好，按图纸等比例放大或缩小。*

成品照片

作者：野路子小裁缝

笔记本电脑包

面料 36cm × 27cm 两片

里布 36cm × 52cm 一片

包盖布 32.5cm × 12.5cm（面料、里布各一片）

嵌条、花边各适量

布标、侧标各一枚

1 准备所需的面布、里布和辅料，按既定尺寸裁剪，备用。

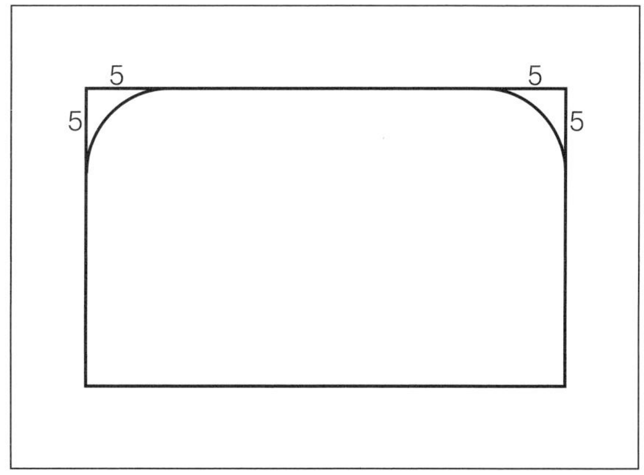

2 在包盖的既定尺寸基础上，在包盖角距离边缘各5cm 处，用弧线画顺，使包盖呈弧角，如图所示。

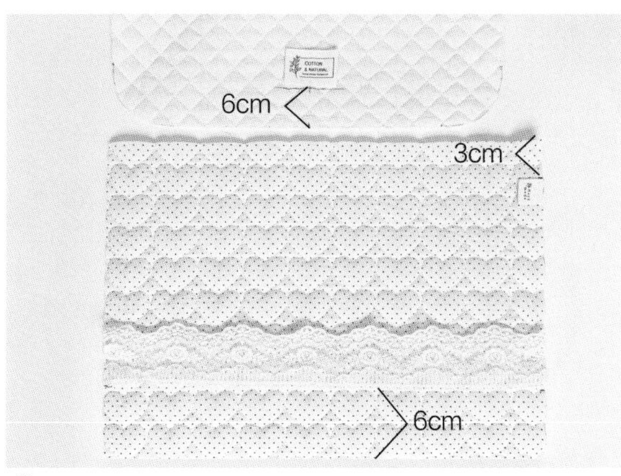

3 将包盖其中一边两头修成圆弧，布标与侧标和花边固定在居中位置（如果不放布标可略过此步骤）。

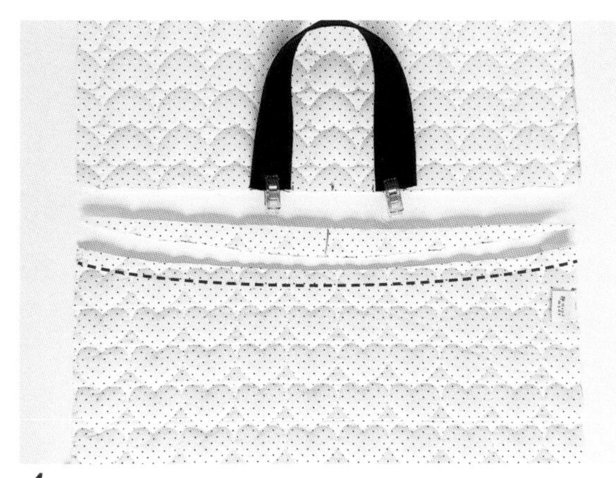

4 将前片修出一个浅浅的月牙弧度，在后片中心点左右各 3cm 处固定织带。

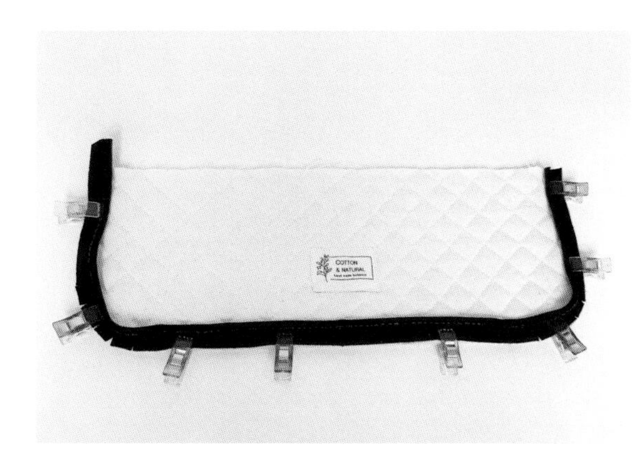

5 先将嵌条使用夹子固定在包盖上车缝。

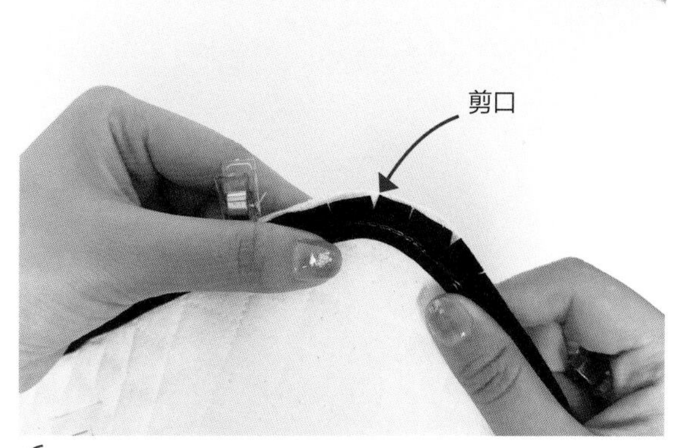

6 弧线处的剪口如图所示。

☆转弯处的嵌条，需要打剪口，以便翻面之后弧度更圆顺。

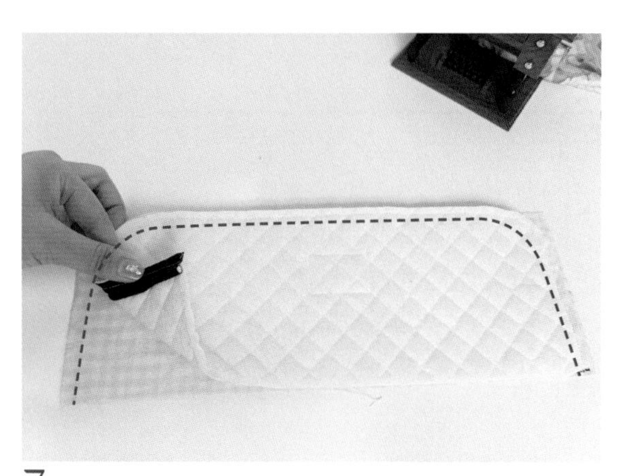

7 将包盖面料表布和里布面对面车缝。

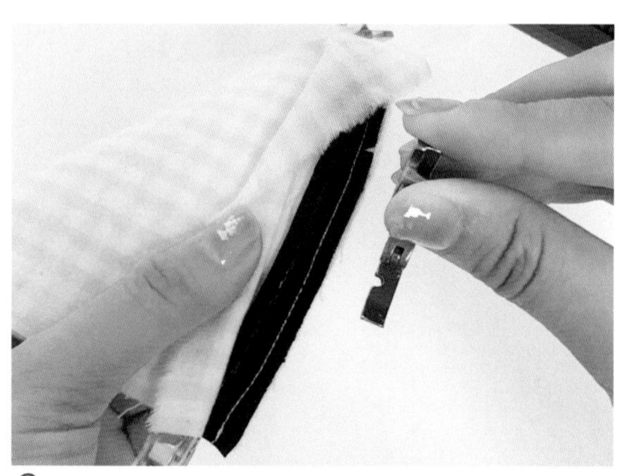

8 车缝嵌条时，建议换上单边压脚，这样车缝效果更精致。

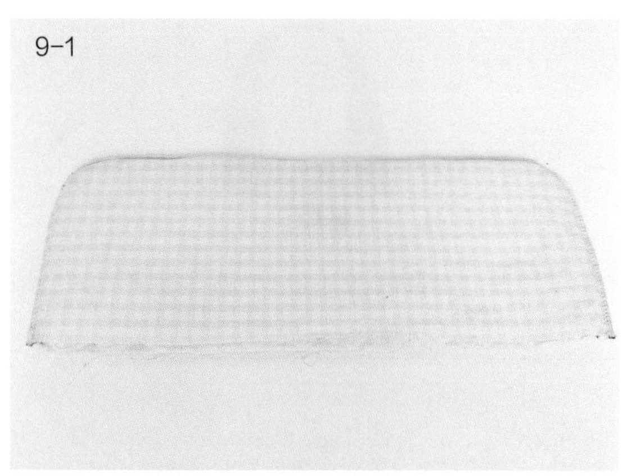

9-2

9 修剪边缘，将缝份修到 0.3cm，然后翻至正面熨烫平整。

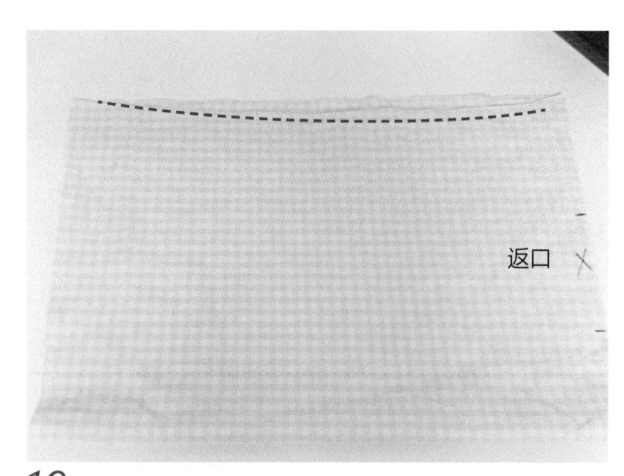

10 将里布其中一边像面料表布一样包口并修剪掉一个弧度，缝合两侧，如图示位置留 8cm 返口不缝。

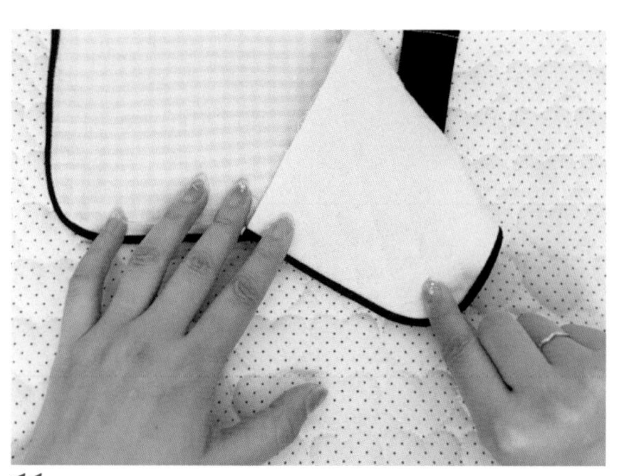

11 将包盖中心点与包后片中心点对齐，车缝固定。

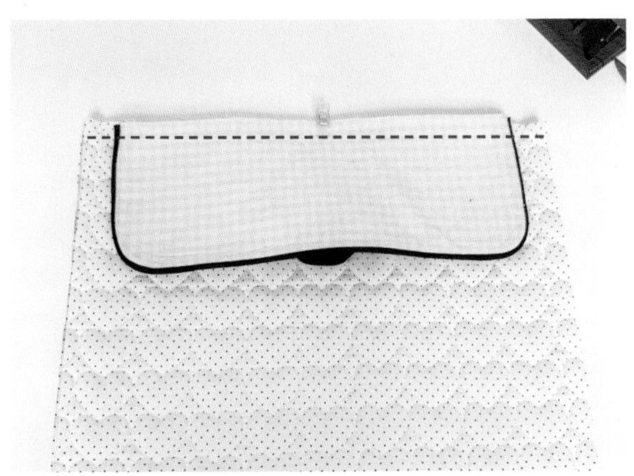

12 沿着如图所示虚线车缝。

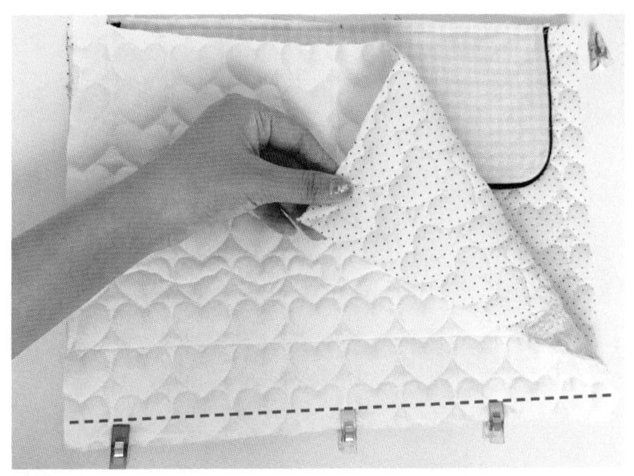

13 将面料前后片底部拼缝。

☆爱心图案是单向的，所以需要裁两片把方向拼正，如果面料不分朝向，可以像里布一样对折裁剪。

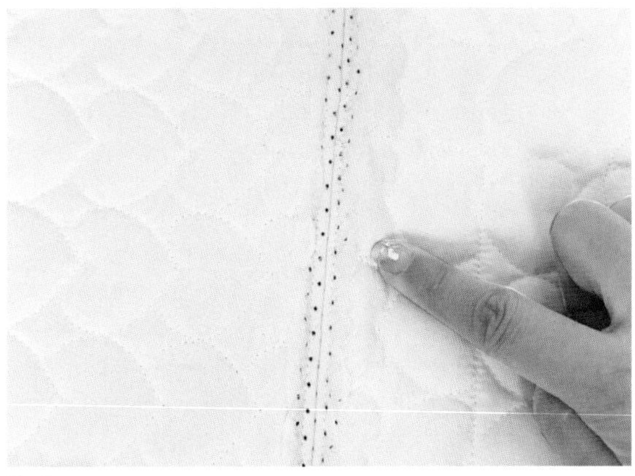

14 将包底部缝份倒向两边车明线。

15 缝合包的两侧，缝份 1cm。

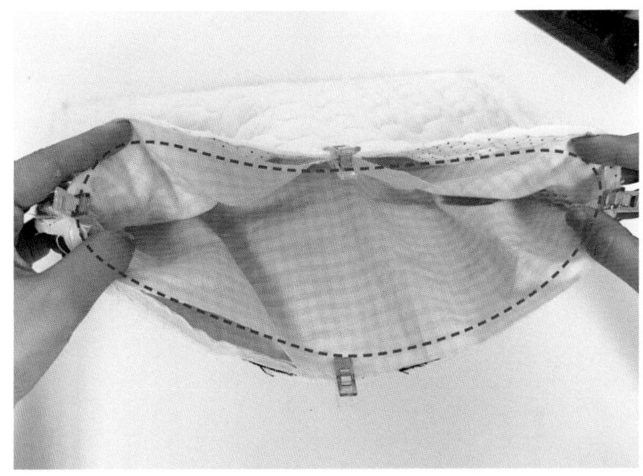

16 将里布翻回正面并套入面料表布里，侧边缝份对齐，用夹子固定，车缝一圈，缝份 0.5cm。

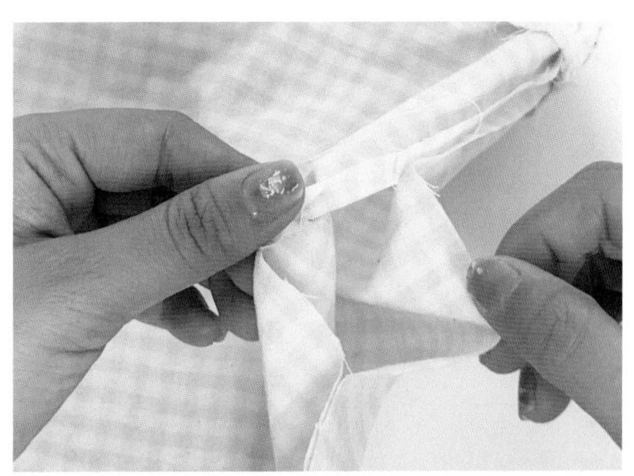

17 从返口处翻回正面。

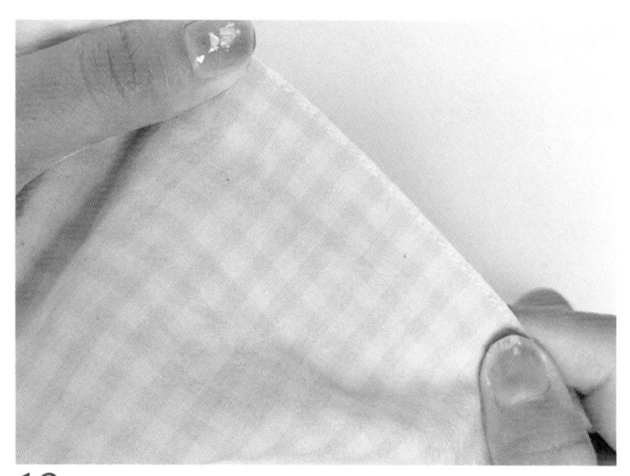

18 翻回正面后，缝合返口。

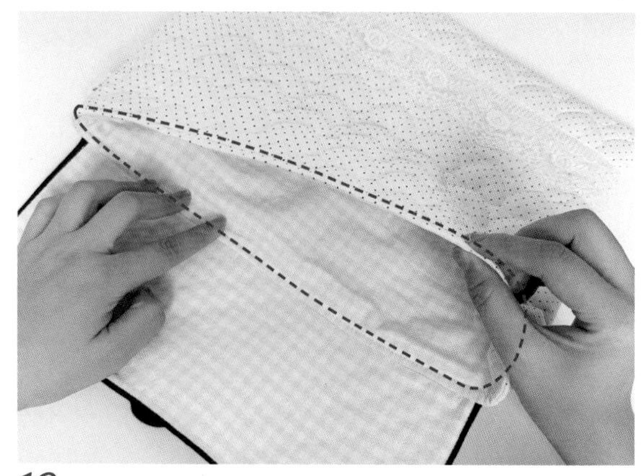

19 在包口压车一圈明线，距离边缘 0.5cm。

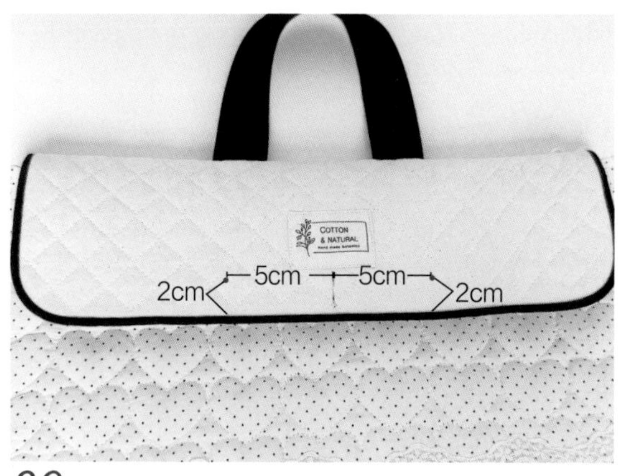

20 在包盖中心点分别向左右移动 5cm，距离包盖边 2cm 处（红点标记处）标记四合扣的位置。

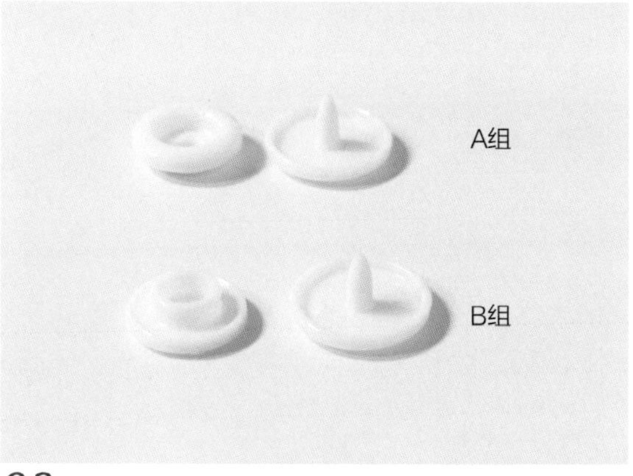

23 安装时，A 组通常装在上面。以包袋成品为例，A 组用于包盖，B 组用于包身。

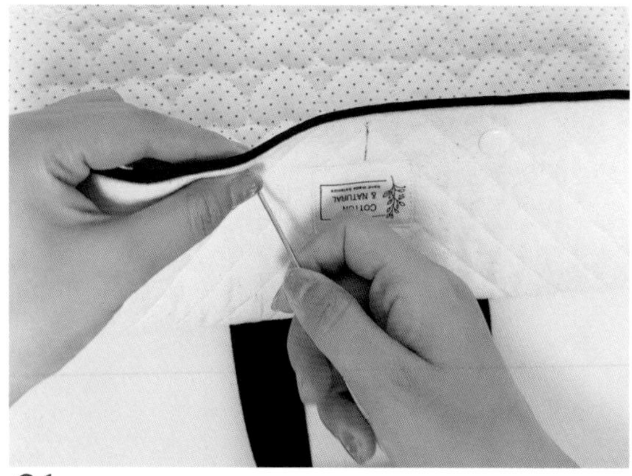

21 如图所示安装四合扣，先在标记点处用锥子打孔。

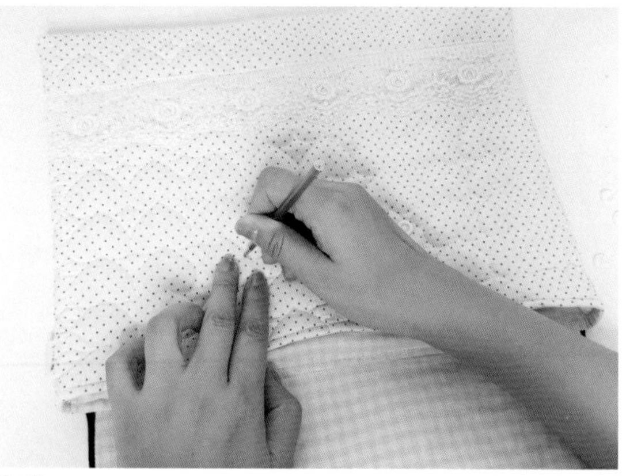

22 将盖子扣下去，在包身上确定另一边的位置。

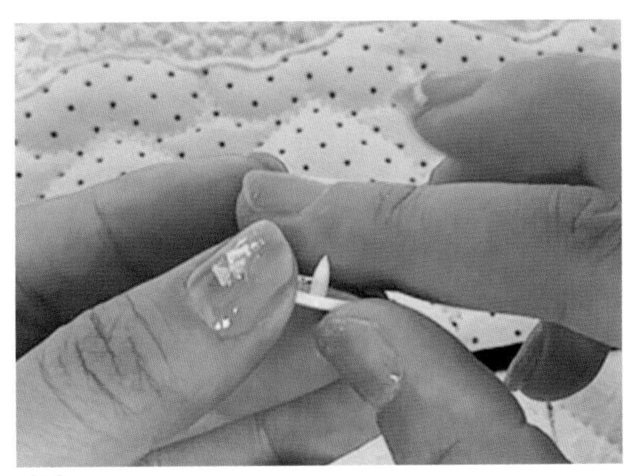

23 将扣面扎在面料上。

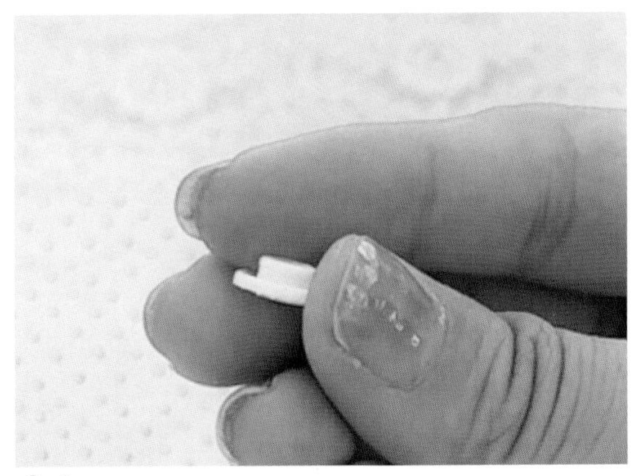

24 拿出 B 组中高的那颗扣子，安在上面。

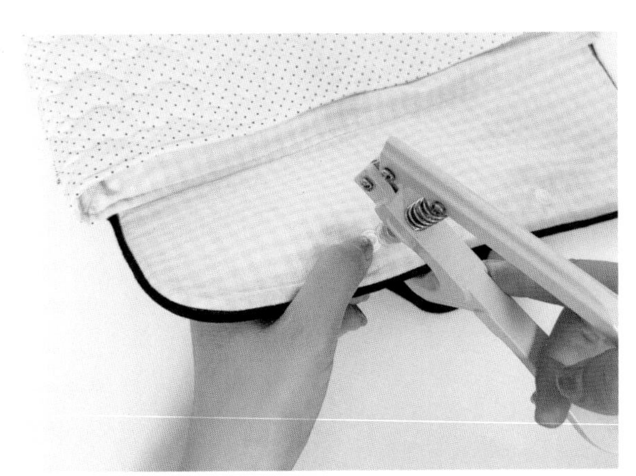

25 用压扣机对好位，按压下去即可。

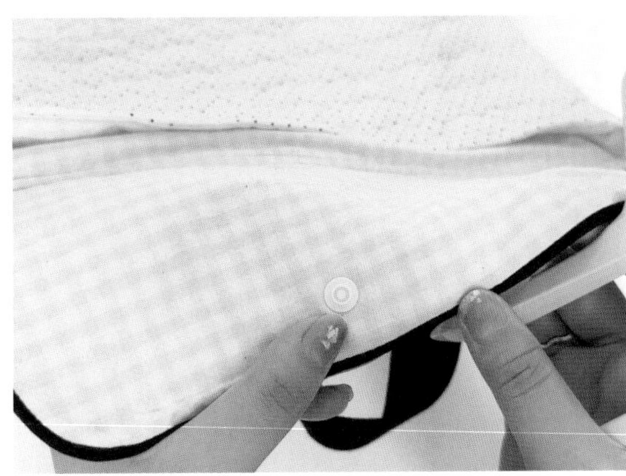

26 完成一边扣子的安装，另一边用同样的方法操作。

成品照片

作者：笑笑正念手作疗愈

蒂尔达娃娃

羊毛毡（娃娃头发）适量

肤色纯棉坯布（娃娃素体）21cm × 36cm 一片

黑色棉布（娃娃腿部）24cm × 20 cm 一片

18cm 左右止血钳一把、羊毛毡戳针一根

粗的缝衣针两根、针线一组（头发同色线）、黑色绣线

热消笔、剪刀、花边剪

扫码获取纸样
娃娃身体

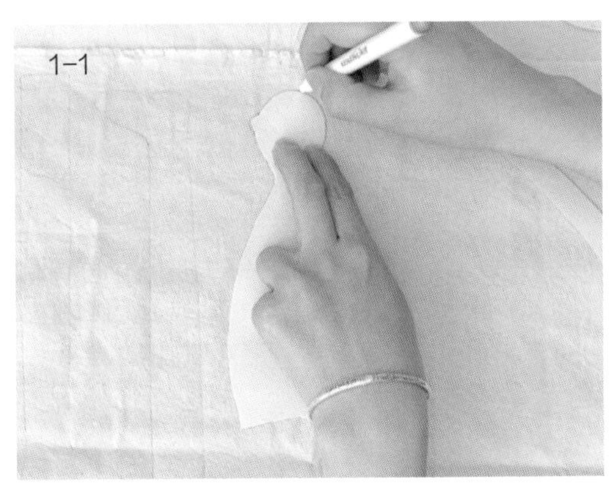

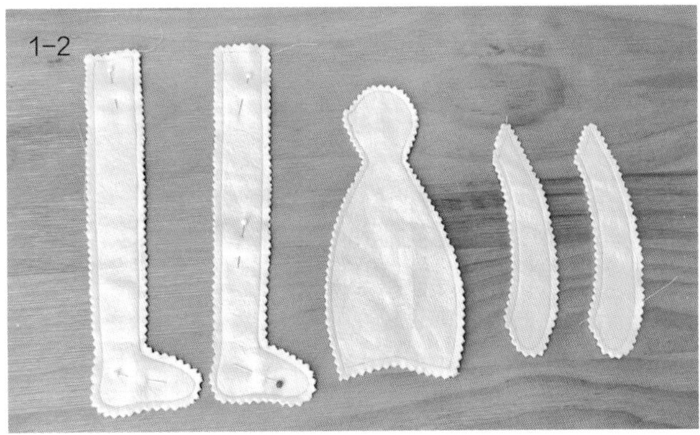

1 把纸样沿内侧线条剪下，不需要预留缝份，把纸样画在布料上。把双层布料用珠针固定，把缝纫机针迹调至 1mm，沿着画线车缝，注意转角处不要偏离。缝好后用花边剪剪下来。

☆手臂裁片可以拼色，详见 P79，腿部裁片可用黑色面料。

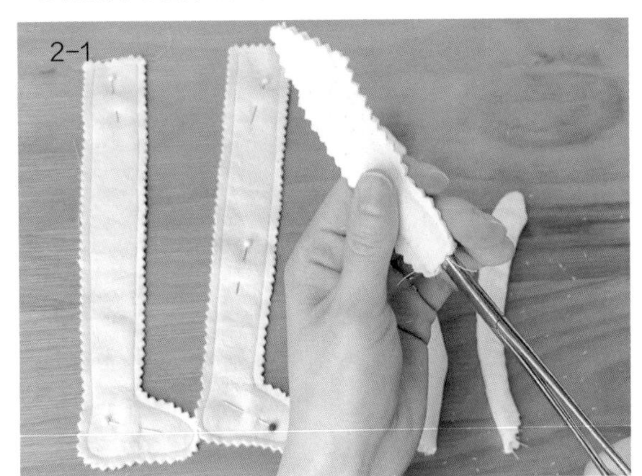

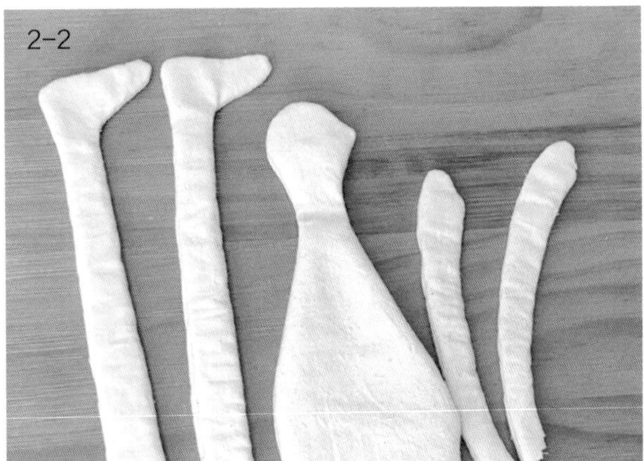

2 用止血钳把身体的各个部件翻到正面，把尖角处整理饱满。

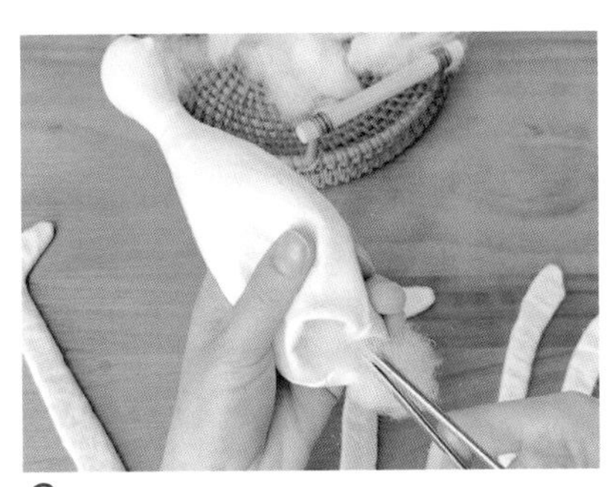

3 用止血钳给身体的各个部分填充棉花，头部要尽可能多填充一些棉花，这样，头部看起来会更加饱满一些。

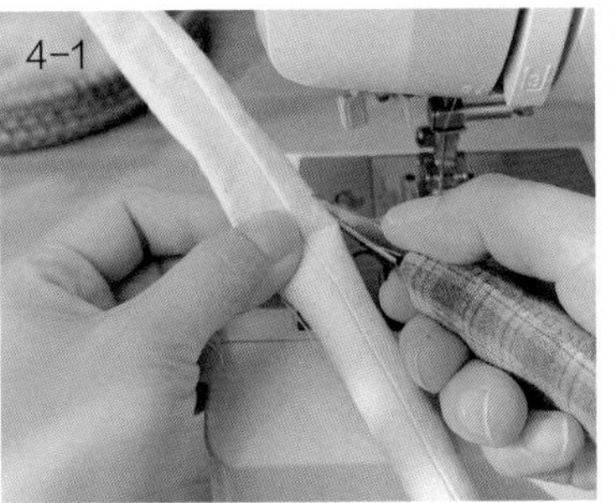

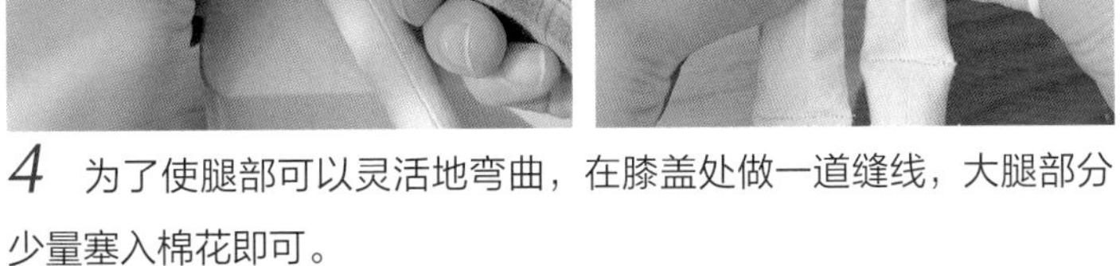

4 为了使腿部可以灵活地弯曲，在膝盖处做一道缝线，大腿部分少量塞入棉花即可。

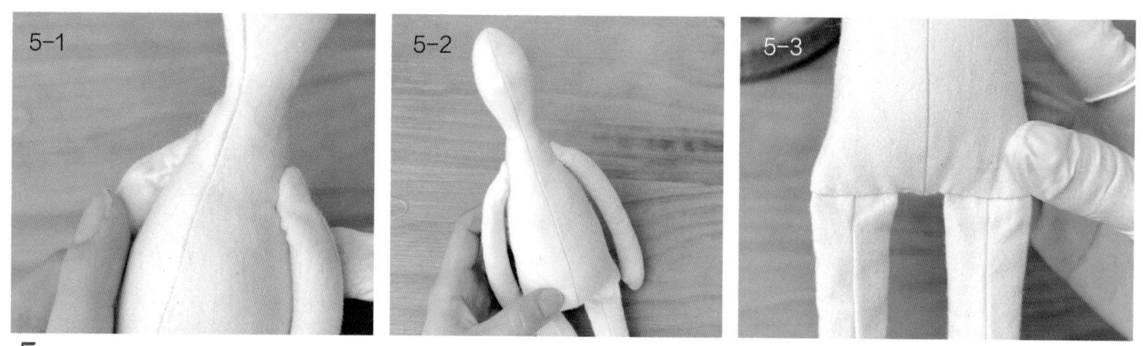

5 用藏针缝的方法把娃娃的腿部缝在身体的下边，注意表面不要露出线迹。手臂先不要缝。

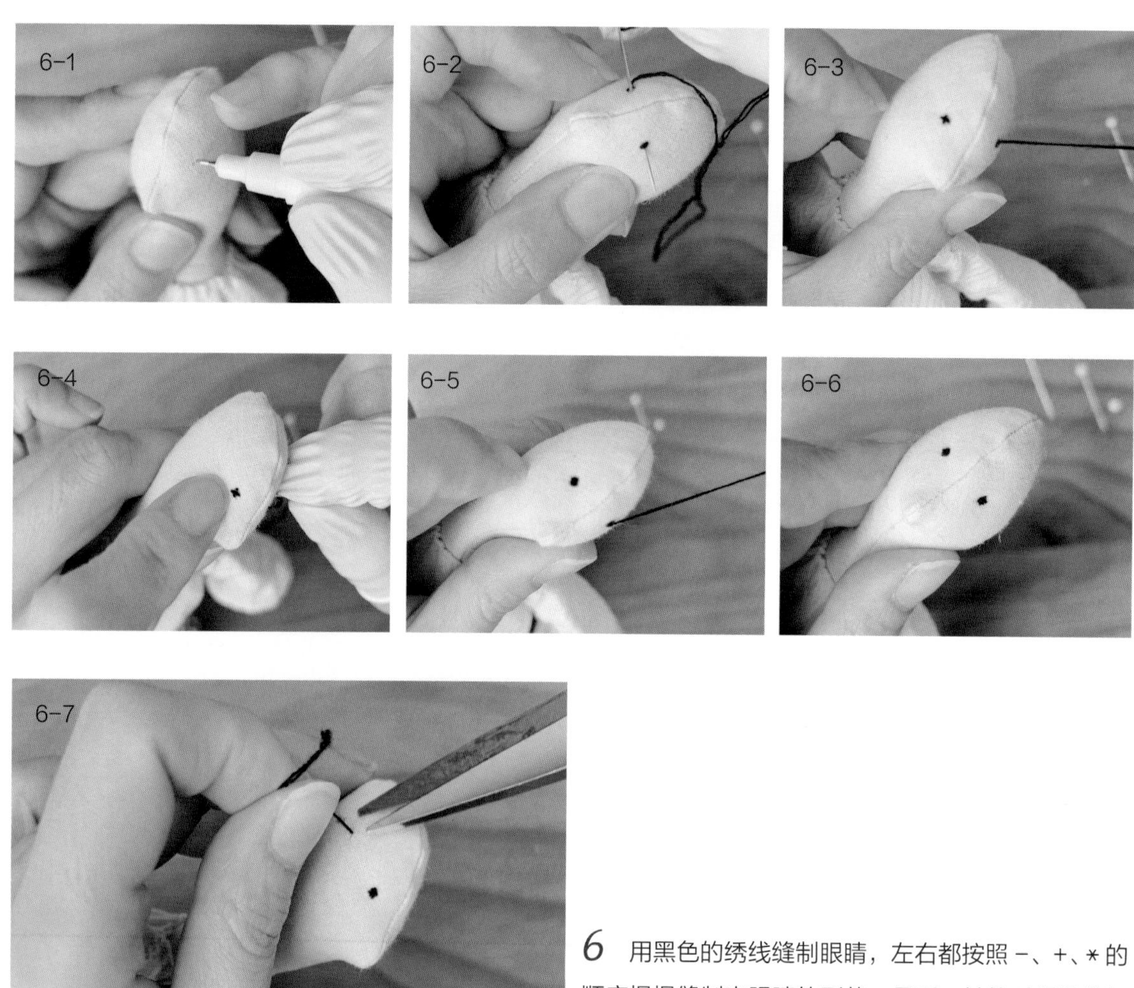

6 用黑色的绣线缝制眼睛，左右都按照 -、+、* 的顺序慢慢缝制出眼睛的形状，最后一针的时候把线打结，并从其他地方出针，剪断线头，把线头隐藏起来。

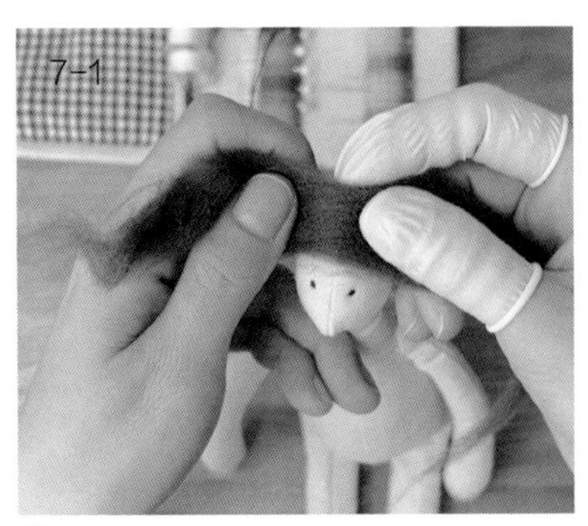

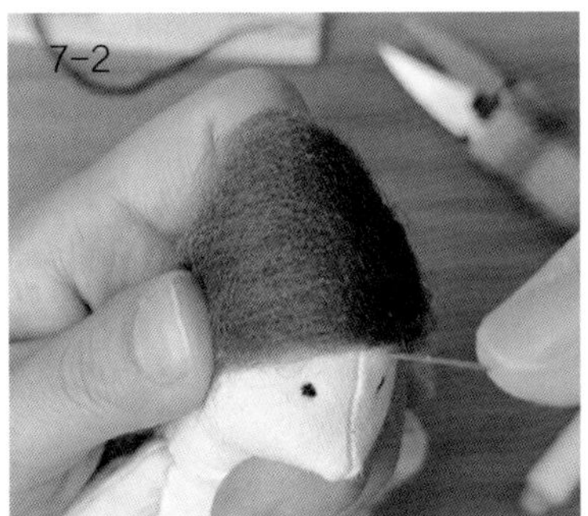

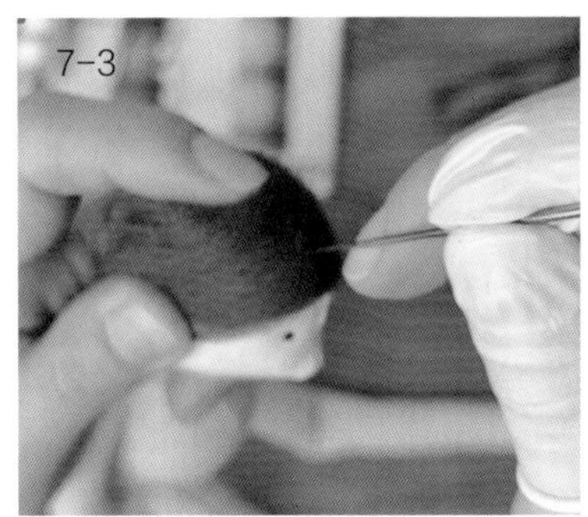

7　取适量棕色的羊毛毡，把它平铺在娃娃的头上，用羊毛毡戳针沿着中缝的位置戳紧，使羊毛毡固定在娃娃的头上，羊毛毡可以少量多次地戳上去。

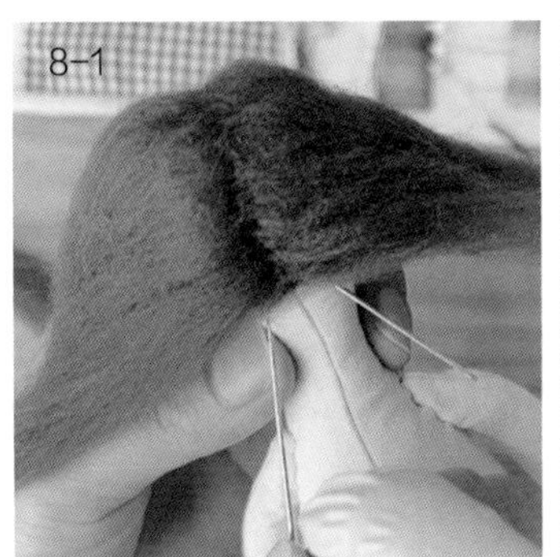

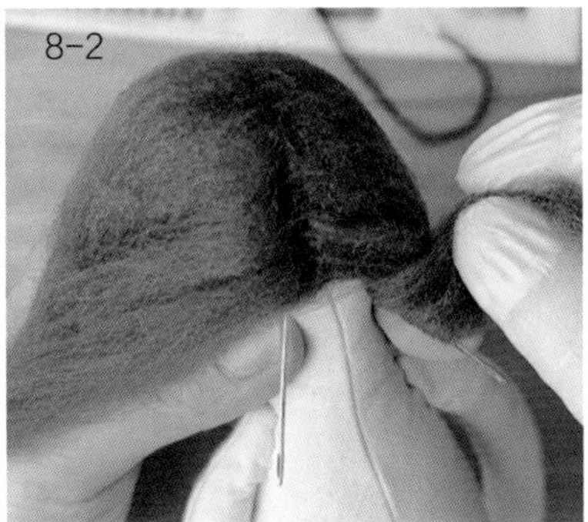

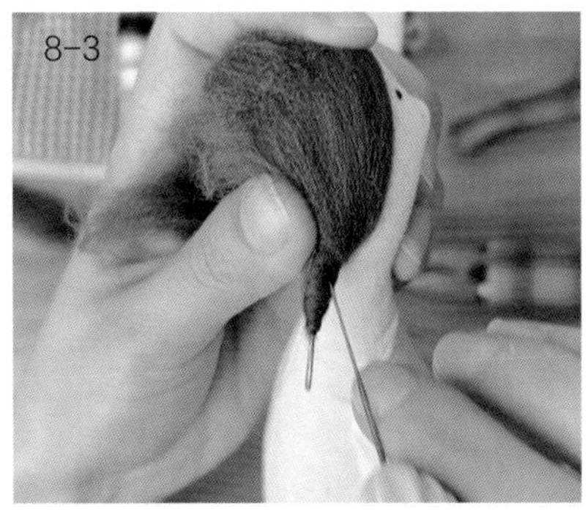

8　将羊毛毡沿中缝固定好以后，把两根粗针对称地插在靠近娃娃脖子的两侧（如图所示位置），先把一侧的羊毛毡缠绕在粗针上，使之形成锥形，这时不要松手，用羊毛毡戳针戳几下，固定住羊毛毡的形状，再进一步缠绕羊毛毡，使它形成一个锥形发髻，并用羊毛毡戳针戳紧固定。另一侧也用同样的方法处理。

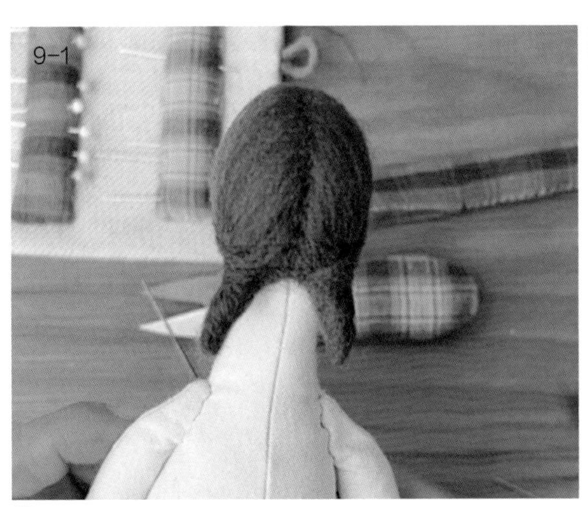

9　发型制作完成后，可以拔掉辅助用的粗针，戳紧的发髻不会散开。

娃娃连衣裙

碎花棉布 11cm × 25cm 一片

白色棉布 10cm × 16cm 一片、纽扣两粒

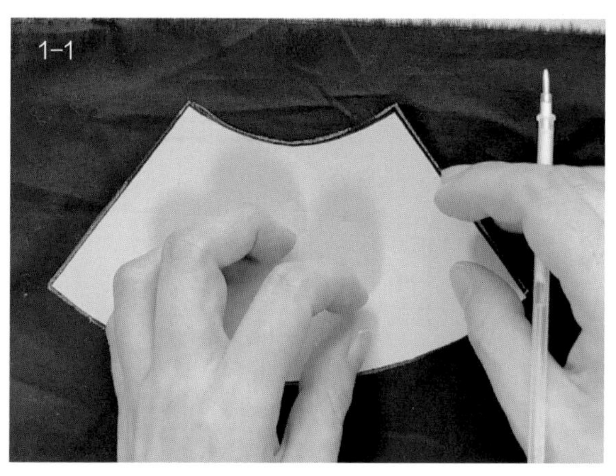

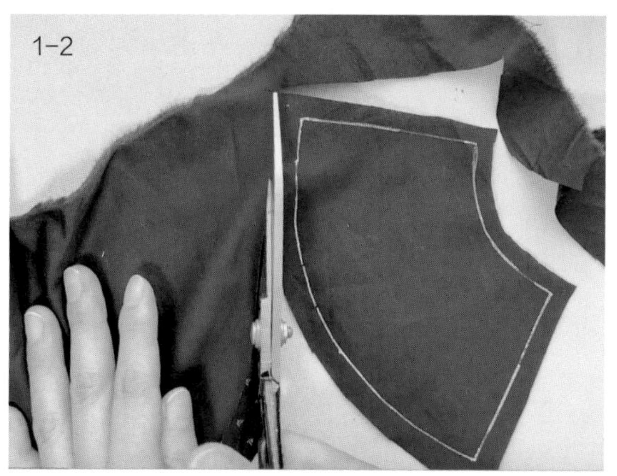

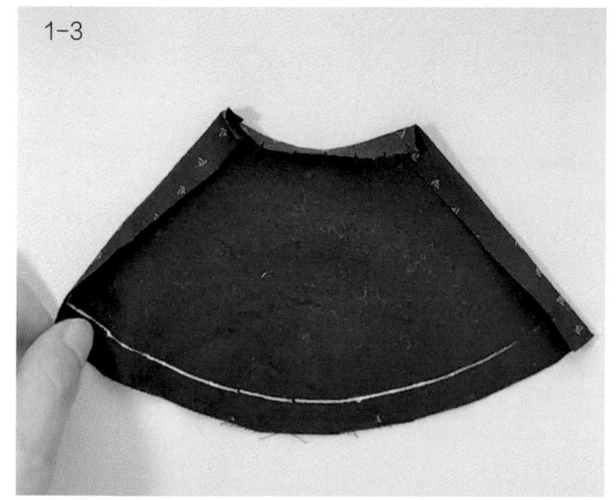

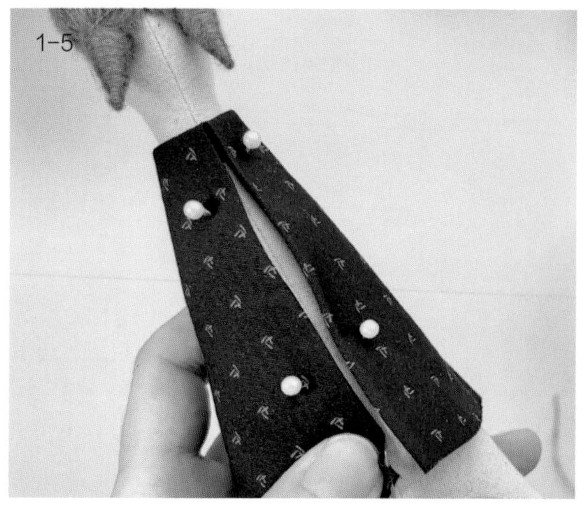

扫码获取纸样
娃娃连衣裙

1 按照图纸在棉布上裁剪出上衣的形状，边缘留 5mm 缝份，把缝份向内折，熨烫定型，然后裹在娃娃身上，用藏针缝的方法缝合。

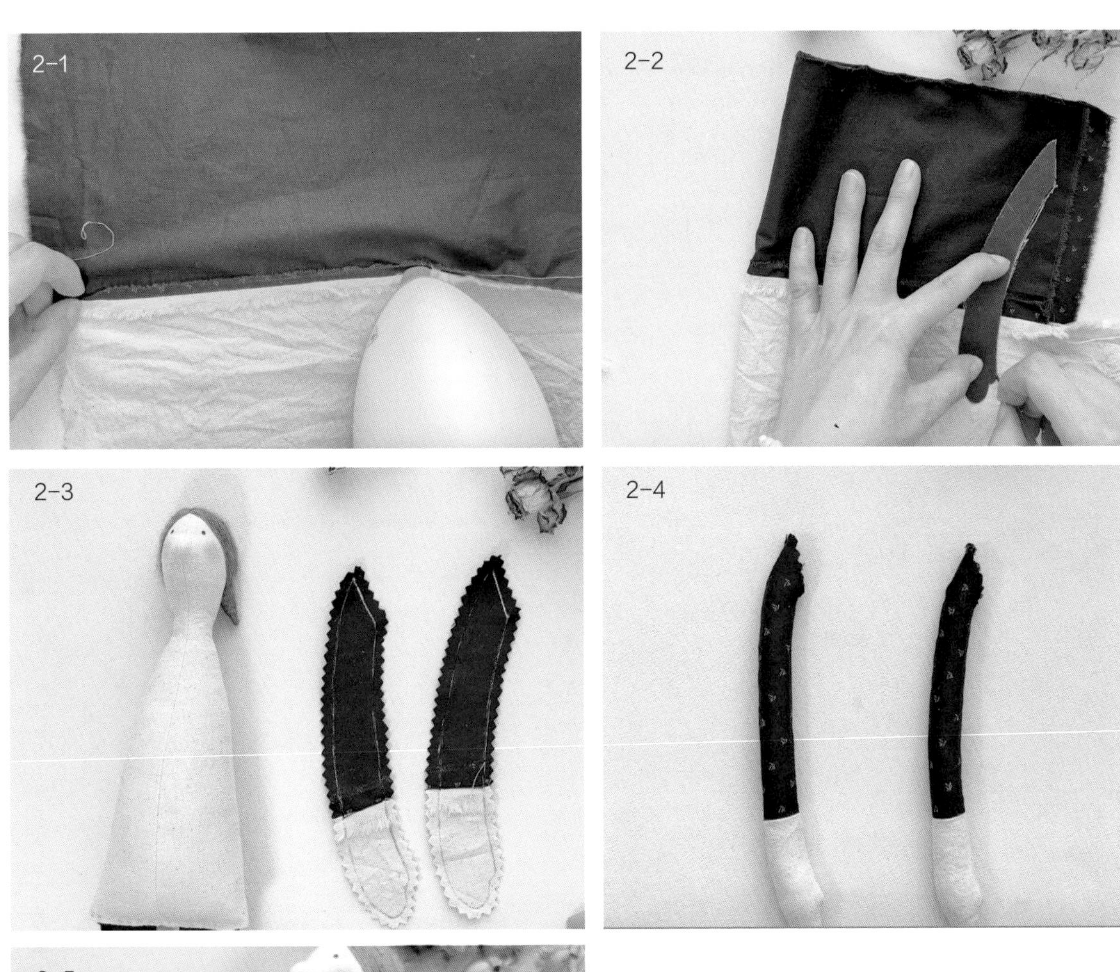

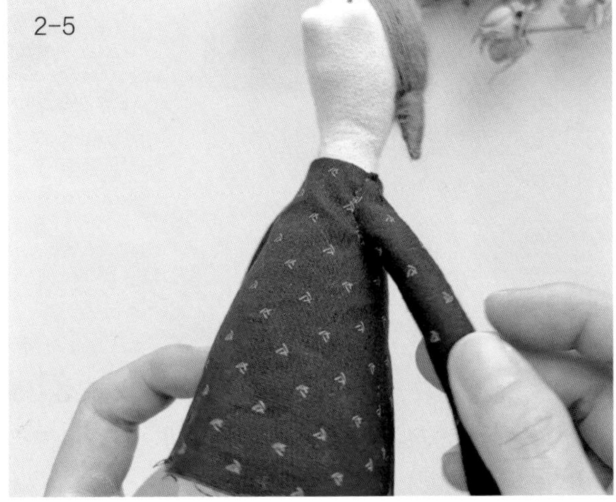

2 制作手臂。先将衣服布料和皮肤布料进行拼接（图 2-1），制作出娃娃的手臂并填充棉花（图 2-2~图 2-4），把手臂用藏针缝的方法缝在身体的两侧，注意左右对称，表面不要露出线迹（图 2-5）。

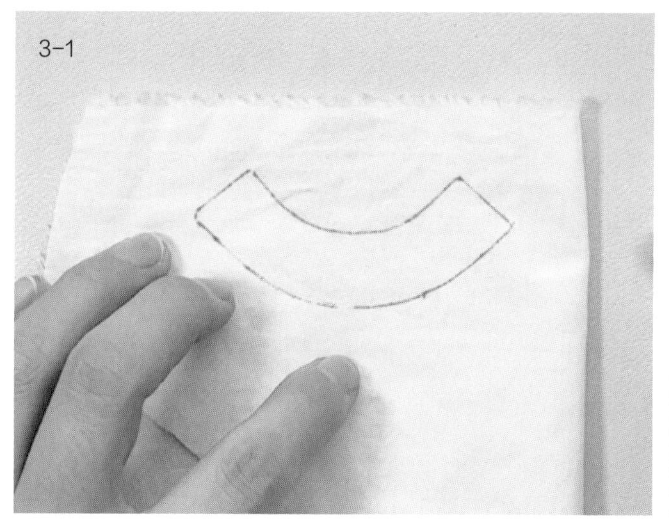

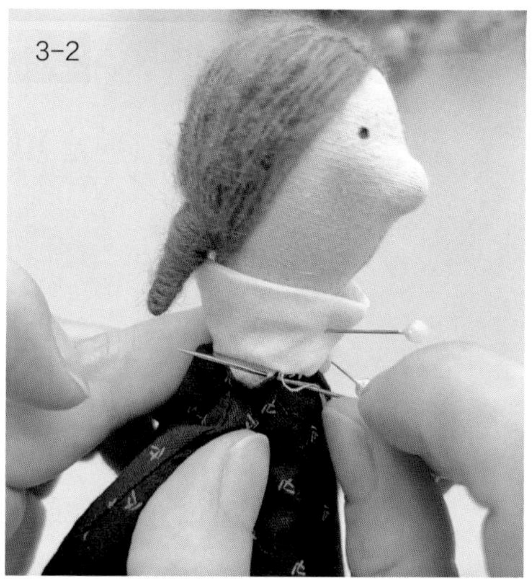

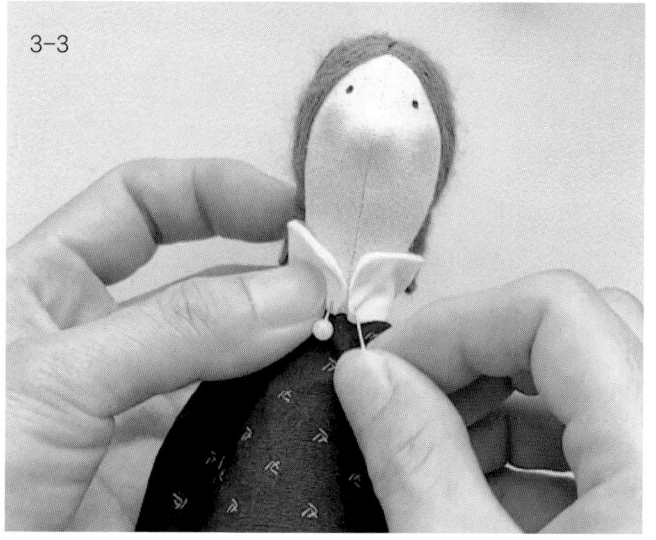

3 按照纸样裁剪领口，制作衣领的部分，如图所示，分别将衣领与衣身领口缝合，固定在娃娃身上。

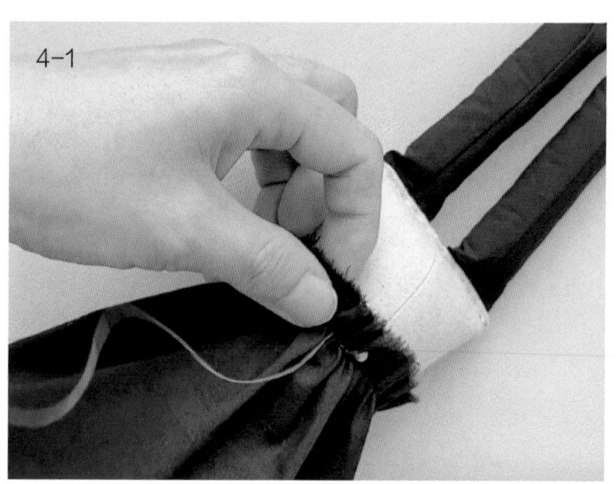

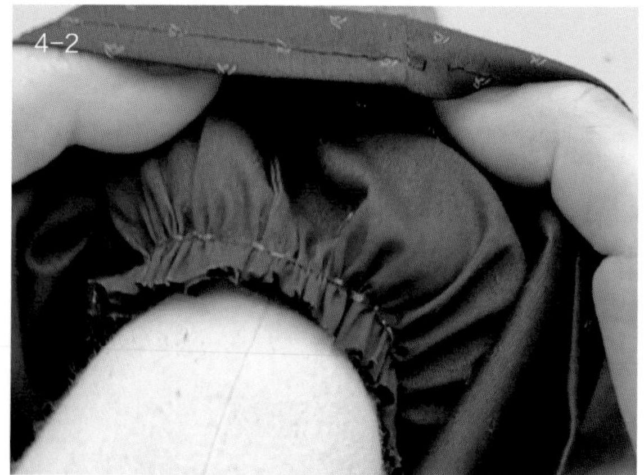

4 制作裙子下摆部分，并按图示方法将其缝在娃娃身上，图 4-2 所示为缝好后里面的效果，图 4-3 所示为缝好后表面的效果。

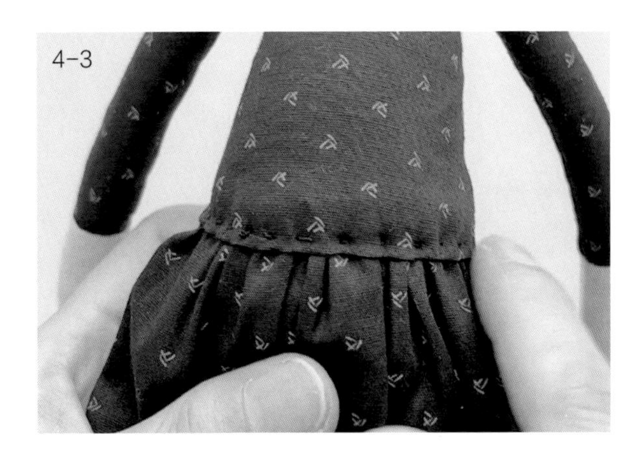

5 在连衣裙的胸前位置缝两粒扣子作为装饰。

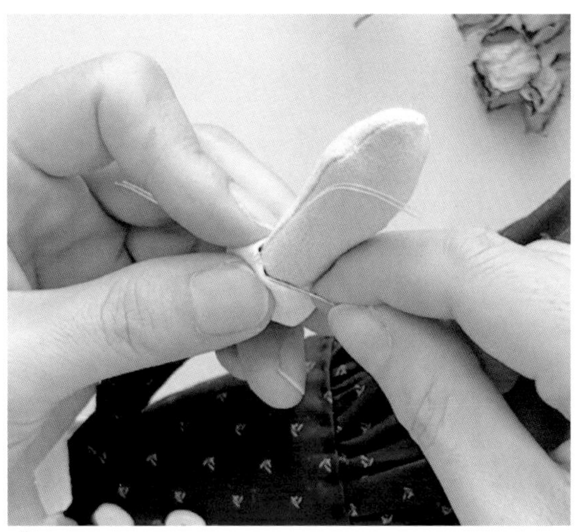

6 制作袖口，按照纸样裁剪袖口裁片，并将其缝合固定在娃娃身上。

7 连衣裙制作完成的效果。

8 可搭配手捧花、帽子或包袋等装饰物塑造整体造型。

实用服装

作者：小森林手作

拼接半裙

1 裁出一些长度约 1m、宽度各不相同的长方形布条。

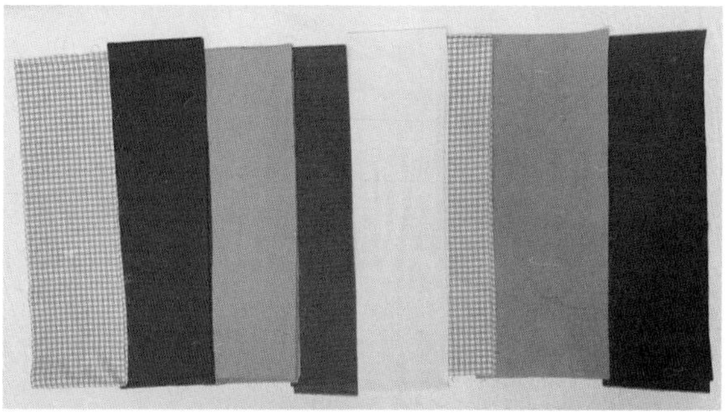

2 将裁好的布条全部平铺，按自己的喜好和审美组合，拼接排版。

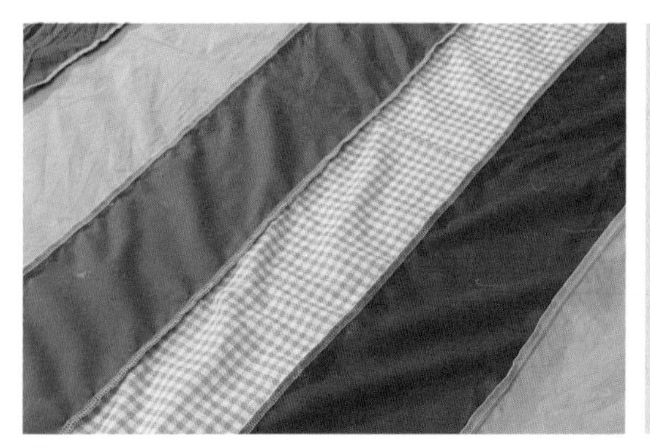

3 将布条正面相对拼缝并锁边。

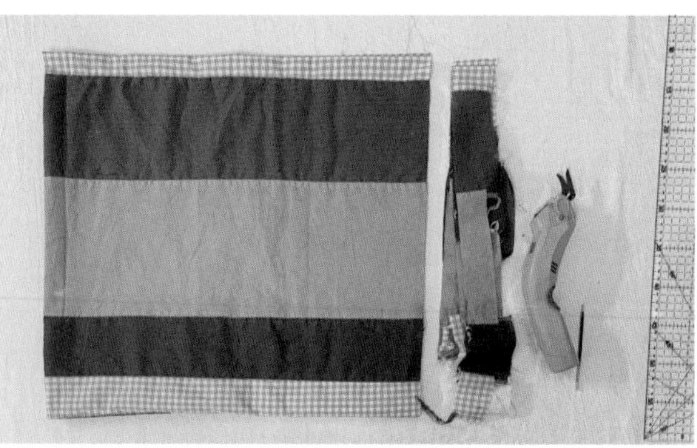

4 将拼布对折后裁齐边缘。

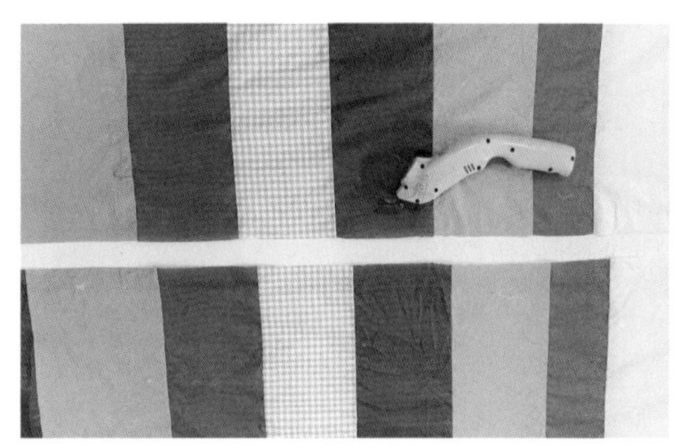

5 沿中线裁开，裁成两片。

6 将其中一片拼布旋转 180°，再与另一片拼接。

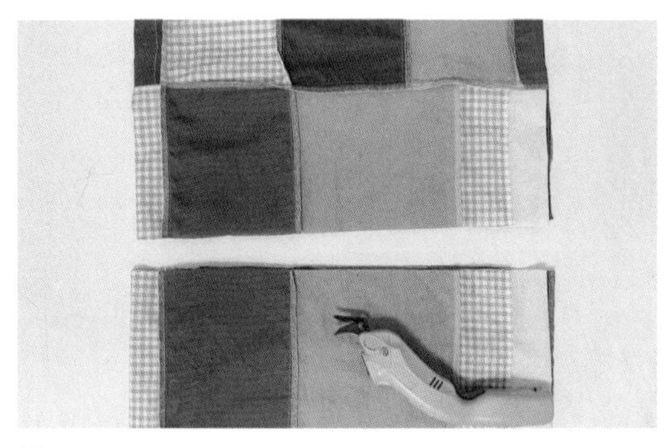

7 将拼好的布再次裁开。

8 裁下的小块拼布需要裁掉一部分（这块拼布要做连裁腰头，长度需要大于实际臀围）。

9 将两块拼布分别缝合侧缝，将小块拼布旋转 180°，大块拼布的一边抽褶到和小块拼布的长度相同，然后拼接、锁边。

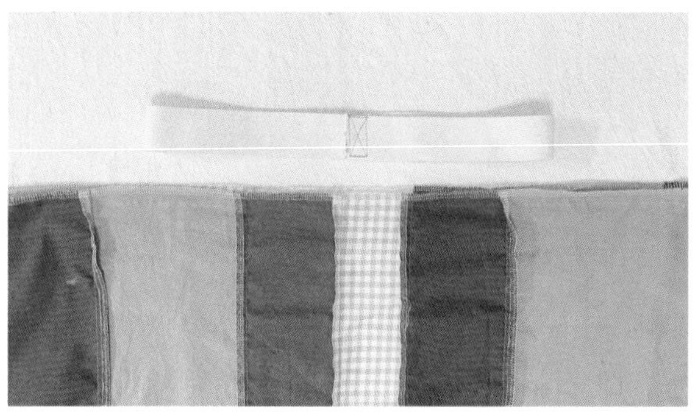

10 准备一条松紧带，制作连裁松紧腰头。

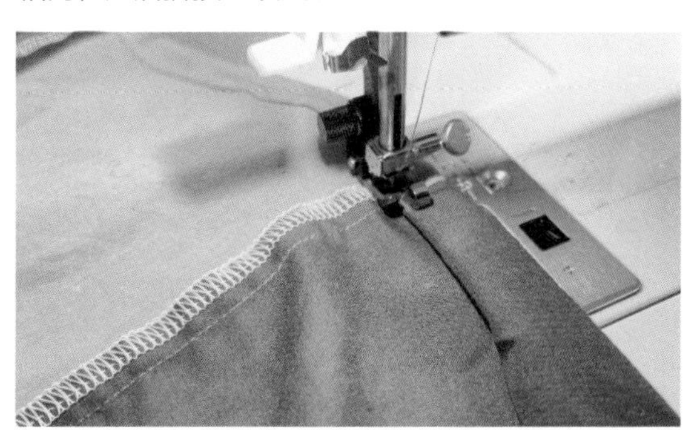

11 安装完松紧带后，可以先上身试穿一下，本例长度为 90cm，可以根据自己的身高和喜好修改裙长，确定好裙子长度后，将下摆卷边缝。

☆ 本款不需要整块布料，可以挑选一些材质相近的旧衣服裁成布条进行旧衣改造。

作者：小森林手作

拼贴马甲

面料 36cm × 27 cm 两片

拼贴布（大小随意）若干片、绣花线或毛线适量

牛仔面料 30cm × 6 cm 两片

纽扣四颗、装饰扣若干、日字环一枚

与衣身配色的包边布 56cm × 2 cm 两条（斜料）

1 准备面料，拼贴布料可以用旧衣服面料或边角料。

2 根据纸样将衣身裁剪下来，再将前片裁片平铺，根据个人喜好安排拼贴口袋的位置，并标记纽扣位。

3 安装口袋，需要事先将口袋的缝份折好并熨烫平整，然后在口袋表面压车明线。

4 用较粗的线在口袋周围随意地手缝一些线迹和纽扣作为装饰。

5-1

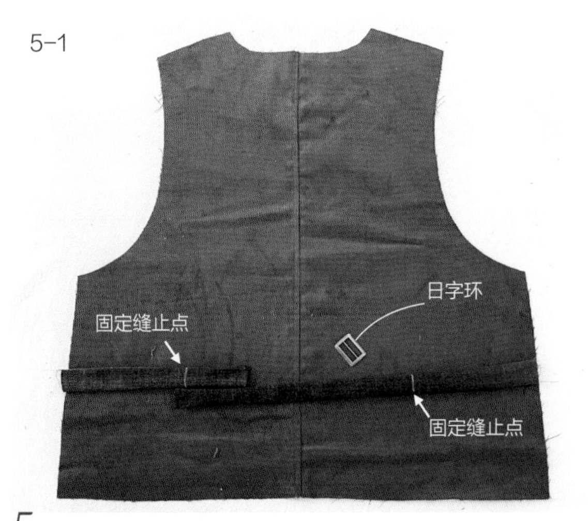

5-2

5 将后片的两个裁片在后中心处正面对正面缝合，然后在正面压车一条明线。根据纸样，从废旧的牛仔裤上裁一块面料，制作后背腰带，缝好后翻过来，在背后摆放整齐，再加上日字环，如图中虚线所示固定在后片上。

6 分别缝合前、后片的肩缝。

7 缝合侧缝。

8 裁剪挂面和后领贴边。

8 安装挂面和后领贴边，边缘处做包边或拷边处理。

9 图示为包边效果。包边相关内容见 P51。

10 将下摆向内卷边并缝合。

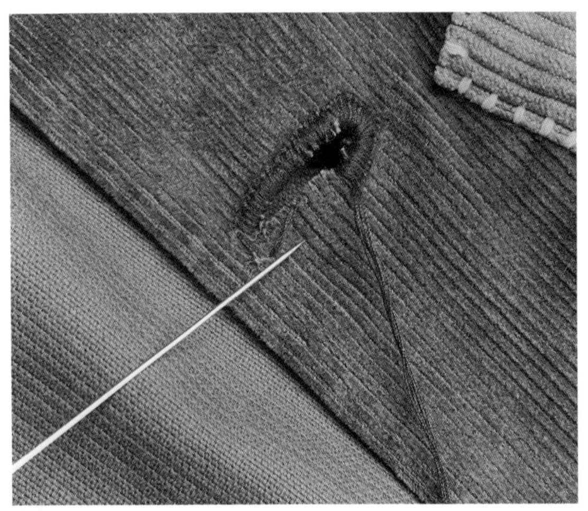

11 依次开扣眼，手缝扣眼边缘，缝好纽扣。

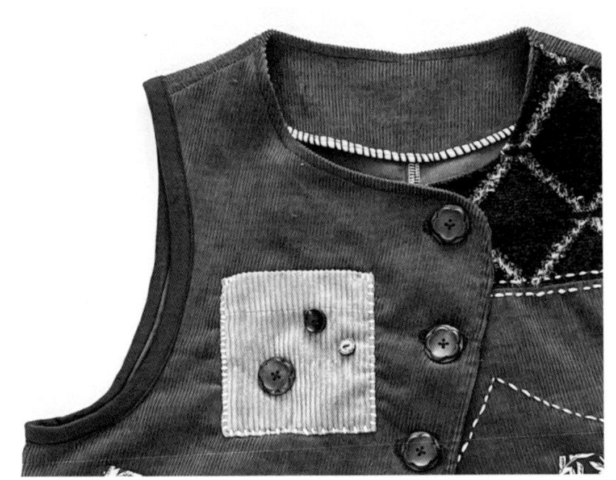

12 袖窿处做包边处理。

13 熨烫整理侧缝和背部腰带袢，马甲就完成了。

成品照片 可搭配连衣裙和帽子穿着。

作者：林艺姗

儿童睡衣

面料 50cm × 150 cm 一块

松紧带 45cm 一条

☆可根据实际需要的领口围确定松紧带长度，附赠纸样为 110 尺码。

1 准备好所需的上衣裁片，包括前片、后片和袖子。

2 将前插肩部分按照缝份要求用定位针固定好，确保接合处对齐。

3 使用缝纫机将前插肩部分缝合，确保针脚均匀且牢固。

4 缝合完成后，对前插肩的边缘进行锁边，以防止布料脱线。

5 前插肩缝制完成的整体效果。

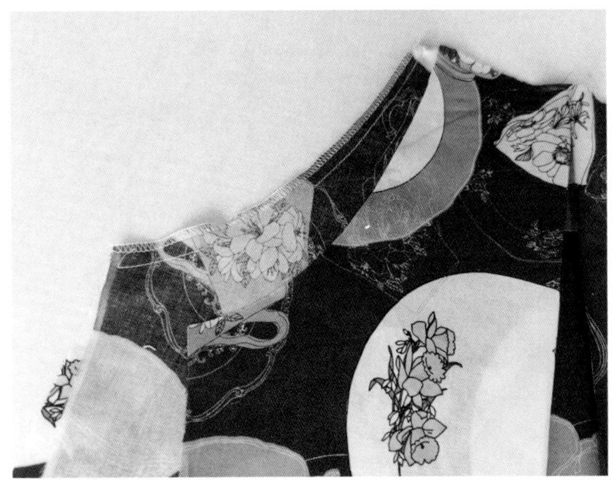

6 修剪毛边，确保车线整齐，锁边干净。

7 以同样的方式处理后插肩部分，确保前、后插肩对称。

8 将袖子展开并准备好，缝合侧缝和袖底线，如图中虚线所示，之后，将领口、袖口和下摆等处锁边。

9 将袖口部分按照设计要求折烫，为下一步车缝做准备。

10 同样地，将领口和下摆部分折烫，确保整洁。

11 将折烫好的领口、袖口和下摆车缝固定。在领口留一小段返口，以便穿入松紧带。

12 将松紧带穿入领口返口，并缝合接口，确保松紧带固定且舒适。

作者：林艺姗

儿童睡裤

面料 62cm × 120 cm 一块

松紧带 45cm 一条

☆*可根据实际需要的腰围确定松紧带长度，附赠纸样为 110 尺码。*

1 准备好所需的裤子裁片，包括左侧片和右侧片。

2 将裤子裁片沿着内侧缝缝合在一起，形成裤子的基本形状。

3 缝合好内侧缝的效果如图所示。

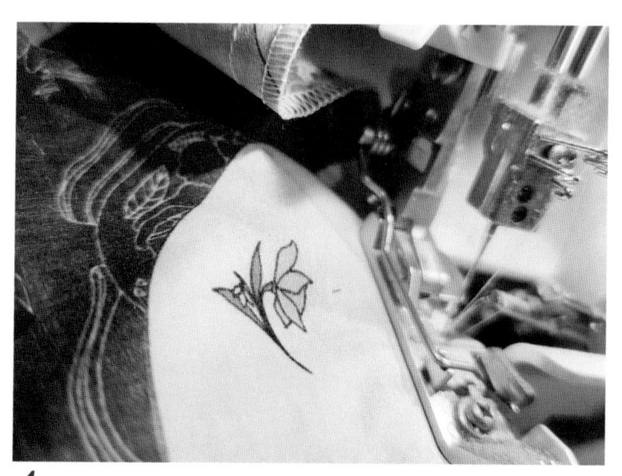

4 将刚刚缝好的地方用锁边机进行锁边。

5 锁边的效果如图所示。

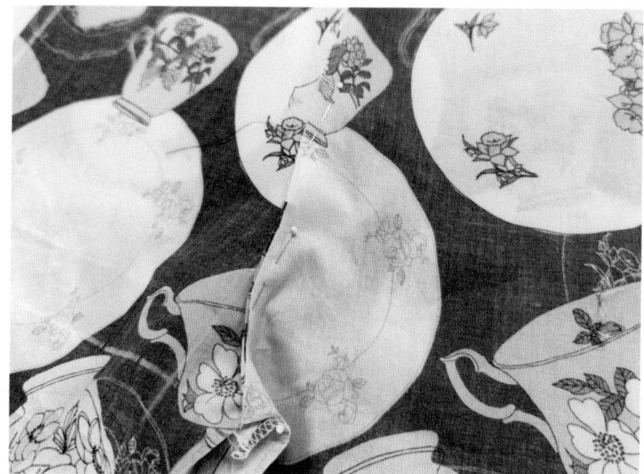

6 将裤裆处用别针别好。

7 在裤裆缝合前，整理裤裆口，用别针固定时不要别到其他不相关的部分。

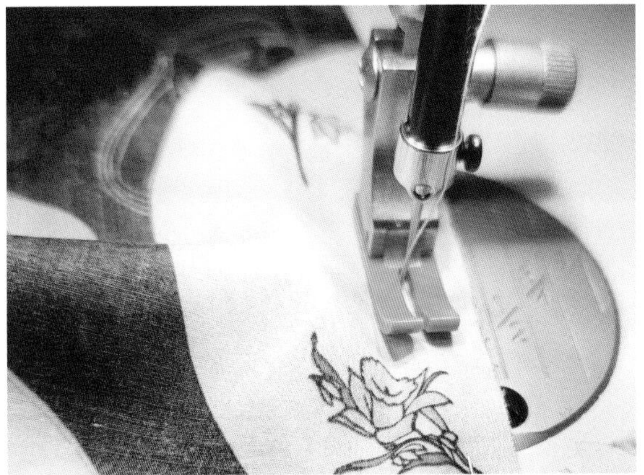

8 将裤裆口缝合，形成裤子的立体结构。

9 缝合裤裆口后，将毛边锁边，图示为完成了锁边的整体效果。

10 将裤子整理好，为后续工序做准备。

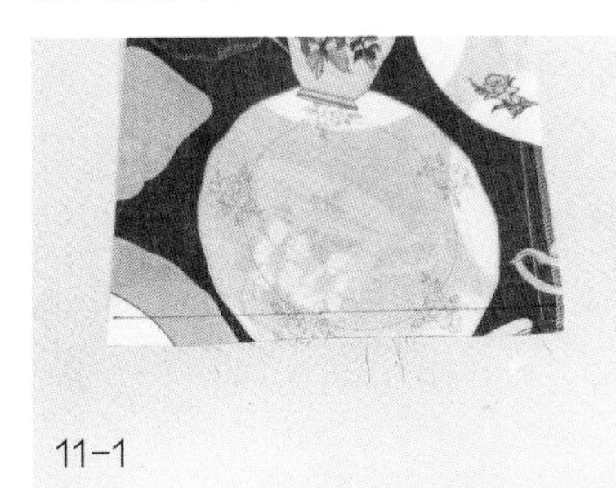

11-1

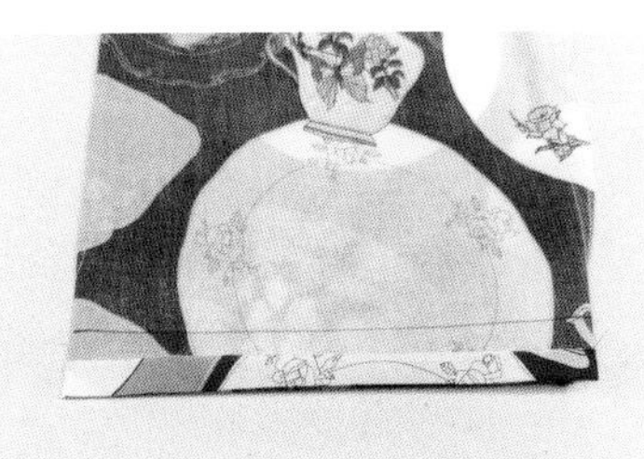

11-2

11-3

11 在裤脚边缘画出折边线，沿着折边线将裤脚熨烫，使其平整。在第一次熨烫的基础上，再次折边熨烫，确保折边整齐。

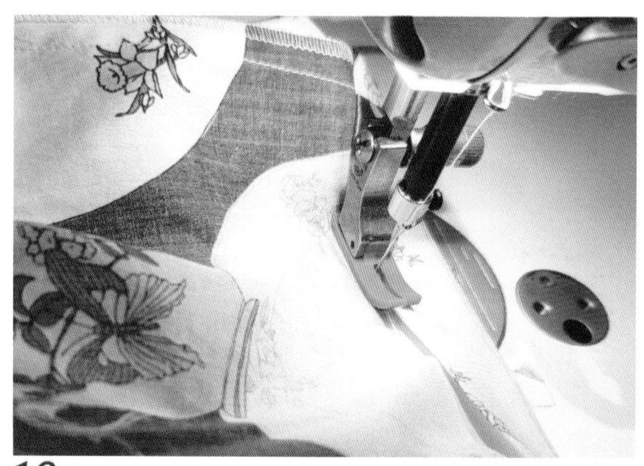

12 将熨烫好的折边车缝固定，完成裤脚的制作。

13 裤脚车缝完成后的效果如图所示。

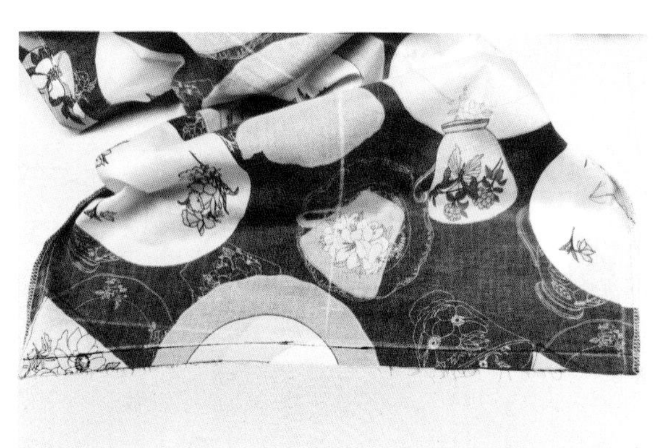

14 在腰头距边缘 1cm 处画线，为折边做准备。

15 沿着画线将腰头折边熨烫，使其平整。

16 腰头熨烫完成后的效果如图所示。量取所需松紧带的宽度。

17 按照步骤 16 量取的松紧带宽度，放大两倍，画线。

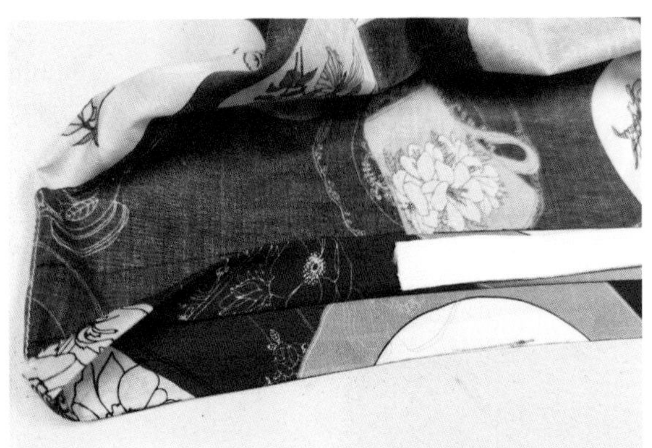

18 按照画线进行折边熨烫，准备安装松紧带。

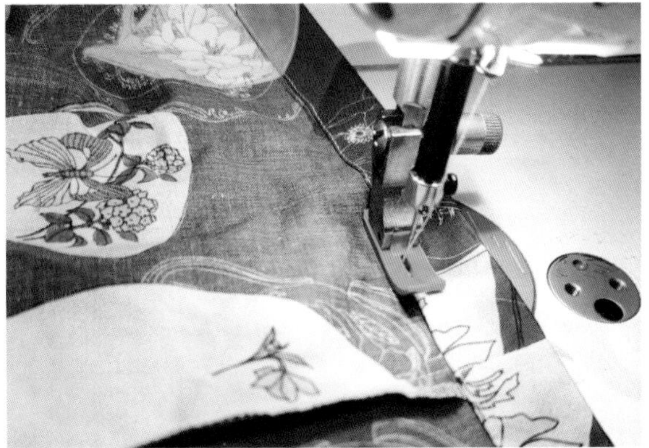

19 沿着折边车缝，留一条两倍松紧带宽度的口子不缝合。

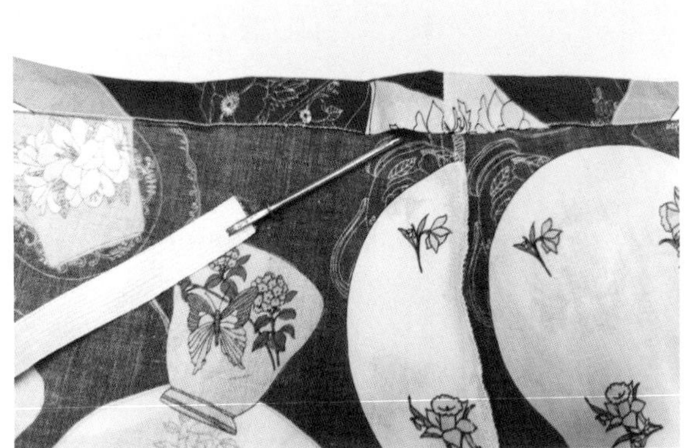

20 在预留的返口处穿入松紧带。

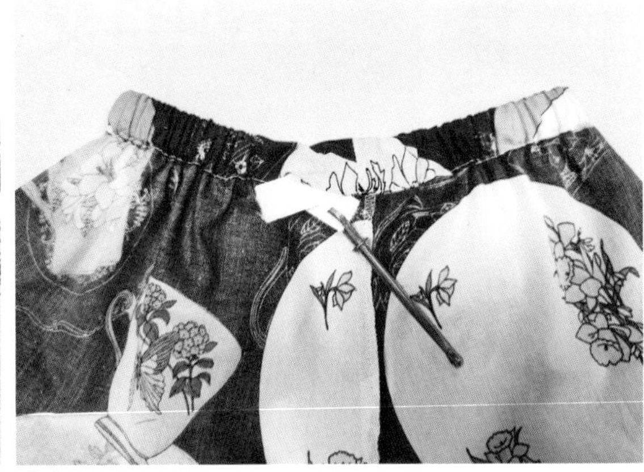

21 穿入松紧带后，左右各留出一段距离，以便于缝合。

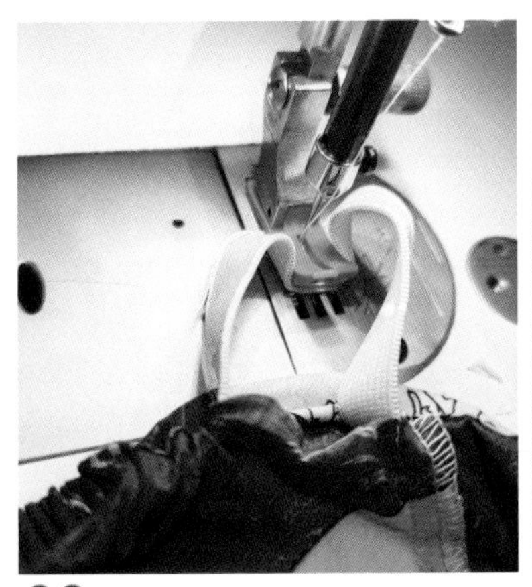

22 缝合松紧带的两头。

23 将缝合好的松紧带塞入预留的返口中。

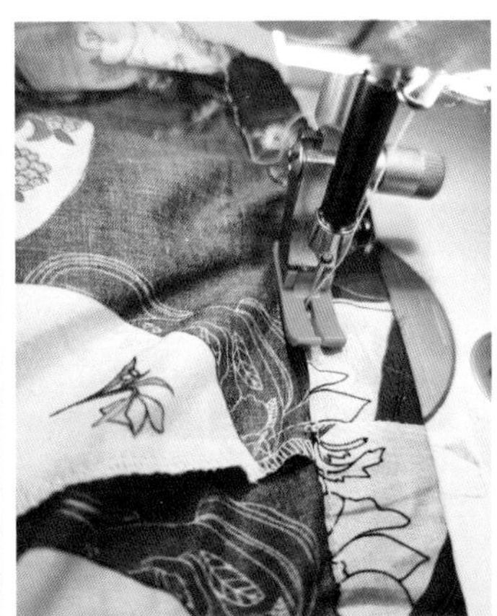

24 缝合返口，裤子就完成啦！

致读者

Sewing Courses for Beginners

本书的诞生是众多才华横溢的作者共同努力的结果。他们来自不同的背景，拥有独特的专业知识和见解，共同为这本书的内容做出了贡献。每位作者都以其卓越的创作才华，为本书注入独到的视角和深刻的见解。

由于篇幅所限，无法将所有作者的精彩作品一一呈现于本书之中。为了能够更全面地探索每位作者的创作世界，我们鼓励读者通过以下方式与作者取得联系，以获取更多信息和深入交流的机会。

服装工作室

2025 年 1 月

作者信息
& 更多内容

获取更多资源

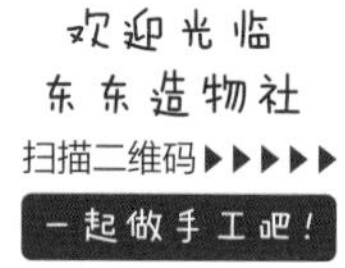